SCIENCE, HISTOIRE ET SOCIÉTÉ
Collection dirigée par Dominique Lecourt

Les nouvelles énigmes
de l'univers

Robert Clarke

Presses Universitaires de France

DU MÊME AUTEUR

Claude Bernard, Seghers, 1961.
L'espion qui vient du ciel, Hachette, 1970.
Naissance de l'homme, Le Seuil, 1982.
Les enfants de la science, Stock, 1984.
De l'univers à nous, Le Seuil, 1985.
L'homme mutant, Robert Laffont, 1989.

ISBN 2 13 049958 9
ISSN 1242-5087

Dépôt légal — 1re édition : 1999, septembre
2e édition : 1999, octobre

© Presses Universitaires de France, 1999
108, boulevard Saint-Germain, 75006 Paris

Sommaire

I – Qu'est-ce que la réalité ?. 1

II – Une description révolutionnaire de la réalité : la physique quantique 11

III – Le chaos et le hasard 21

IV – L'étrange naissance de l'univers 29

V – La flèche du temps 53

VI – L'apparition de la vie 61

VII – La prodigalité du vivant 73

VIII – L'évolution a-t-elle un sens ? 83

IX – La création d'un être vivant 105

X – Qui nous expliquera le monde ? 111

I

QU'EST-CE QUE LA RÉALITÉ ?

> « *Si nous découvrons une théorie complète, elle devrait être compréhensible dans ses grandes lignes par tout le monde, et non par une poignée de scientifiques. Alors nous tous, philosophes, scientifiques et même gens de la rue, serons capables de prendre part à la discussion sur la question de savoir pourquoi l'univers et nous existons. Si nous trouvons la réponse à cette question, ce sera le triomphe ultime de la raison humaine.* »
>
> Stephen HAWKING

Nous vivons dans un monde troublant. Lorsque nous le regardons d'un œil naïf, il nous paraît simple, ordonné et logique. Le soleil se lève de la même façon tous les matins, une plante sort de la graine plantée en terre, d'un œuf fécondé naît un être vivant. A chaque cause semble correspondre le même effet. L'existence même de l'univers plaide en faveur de sa logique, car il est fait de systèmes, les uns inertes, les autres vivants, et aucun système ne peut durer s'il n'est organisé et ordonné, car le désordre conduit inéluctablement à la mort et à la destruction. Mais pourquoi est-ce ainsi ? « Pourquoi y a-t-il quelque chose, plutôt que rien ? », demandait déjà le philosophe Leibniz, il y a trois siècles. Qu'est-ce donc que la vie ? La matière ? Comment tout cela a-t-il commencé ? Pourquoi sommes-nous sur la Terre ? Il suffit de se poser de telles questions, qui paraissent évidentes et simples, pour qu'une sorte d'angoisse nous saisisse, soudain, car personne ne sait y répondre. On pourrait penser naïvement qu'il suffirait de s'adresser aux hommes de science – après tout, c'est leur métier de fournir ces réponses. Mais ils sont, tout autant que nous, incapables de dire pourquoi le monde existe, comment il a commencé, comment il se fait qu'un être organisé peut sortir d'une cellule unique et minuscule, ou comment fonctionne notre cerveau.

Par ailleurs, il suffit de gratter un peu le léger vernis des apparences pour qu'apparaisse, sous le monde sensible, visible, un autre monde, très différent, qui semble vite étrange, mystérieux, insaisissable. Lorsque nous touchons un objet, il nous semble bien exister dans une forme, un poids, une texture définis et relativement immuables. Mais c'est là une tromperie de nos sensations imparfaites. Si nous croyons nos seuls sens, nous ne ressentons pas la rotation de la Terre, ni son trajet autour du Soleil : nous avons l'impression que c'est ce dernier qui tourne autour de la planète. Il faut faire un effort pour rétablir la vérité. Lorsque nous plongeons un bâton dans l'eau, il nous paraît brisé, c'est une illusion d'optique, comme il en existe bien d'autres. Lorsque nous regardons un film, au cinéma, nous n'avons pas l'impression qu'il s'agit d'une série d'images fixes qui défilent à un rythme tel qu'elles donnent l'illusion du mouvement continu. Ce que nous appelons une belle image, sur l'écran de notre téléviseur, n'est qu'une suite de points colorés. Les couleurs, qui nous semblent des propriétés intrinsèques des objets, ne sont que des phénomènes de réfraction et de diffusion de la lumière. Si le ciel bleu nous apparaît rouge au coucher du soleil, c'est qu'à ce moment les rayons de grande longueur d'onde, correspondant au rouge, nous parviennent en plus grande quantité. Le fer est normalement noir, mais il devient rouge si on le chauffe, puis blanc.

Lorsqu'on descend dans l'invisible, vers l'infiniment petit, il devient plus évident encore que la réalité que nous proposent nos sens est trompeuse : ce qui se passe hors des limites de nos sensations immédiates est très différent de ce que nous voyons. Le marbre, le fer nous paraissent durs, mais ils sont faits, comme toute matière, de 99 % de vide. Lorsque nous regardons le calme de l'eau qui remplit un récipient, rien ne nous indique qu'en son sein règne une agitation fébrile. Et pourtant, les molécules de tout corps, qu'il soit solide, liquide ou gazeux, s'agitent sans cesse à des vitesses considérables. Dans l'air froid, elles atteignent 1 500 km à l'heure, davantage s'il est chauffé. Chaque molécule en rencontre une autre plusieurs milliards de fois par seconde. Chacune est faite d'une multitude d'atomes invisibles, elle aussi est le siège d'une agitation permanente et subit le choc permanent de particules minuscules, qui se heurtent des milliards de milliards de fois par seconde.

Nous n'avons aucun moyen de percevoir la ronde incessante des électrons autour du noyau de tous les atomes qui constituent le monde inerte et le monde vivant, et c'est pourtant là un phénomène essentiel qui gouverne l'organisation de la matière. Les règles apparentes du monde accessible à nos sens ne s'appliquent pas à l'infiniment petit − pas plus, d'ailleurs, qu'à l'infiniment grand. Il faut, en fait, abandonner tout espoir de disposer de lois simples lorsqu'on s'enfonce dans le monde de l'infiniment petit ou que l'on part explorer l'infiniment lointain, le monde des astronomes. Les explications que les physiciens nous fournissent rendent ces mondes fondamentalement inconnaissables au premier degré, car ces explications sont d'une complexité qui réclame, pour être appréhendée, des moyens de connaissance qui sont eux-mêmes d'une grande complication. Il faut utiliser des règles nouvelles, des théories qui échappent au sens commun, qui font intervenir la relativité ou la physique quantique, aux formulations mathématiques complexes.

Si la description du monde qu'offre la physique de l'infiniment petit ou de l'infiniment lointain satisfait les hommes de science, elle nous échappe donc souvent, car nous avons de plus en plus de mal à la comprendre, dans la mesure où cette description n'est plus faite d'images, de comparaisons, d'explications claires, mais de formules abstraites. Ce qui laisse d'ailleurs les hommes de science complètement indifférents. « Le principal objet de la physique n'est pas de fournir des images, mais de formuler des lois gouvernant les phénomènes, et de les utiliser pour la découverte de nouveaux phénomènes », dit le physicien américain Paul Dirac.

La compréhension du monde par le commun des mortels n'est donc pas la priorité des scientifiques, et cela se comprend parfaitement. Ce sont eux qui ont raison, et ce serait à nous de faire l'effort nécessaire pour suivre leurs démonstrations. Mais cela pose un problème évident, car tout le monde ne peut pas faire cet effort, qui réclame d'avoir suivi un enseignement supérieur. Y aurait-il donc deux explications du monde : l'une, qui serait celle du monde sensible, et s'appliquerait à ce que nous voyons et touchons, ferait appel à des notions du sens commun, et serait définie par des notions compréhensibles par tous, et l'autre, celle de l'infiniment grand, de l'infiniment lointain, de l'infiniment petit, de l'infiniment rapide, qui ne serait intelligible qu'en faisant intervenir des explications complexes, relativistes ou quantiques, et qui serait donc réservée à une élite cultivée ? Cela paraît difficile à admettre, mais c'est pourtant le cas et cela confirme que l'explication générale du sens de l'univers, une explication ouverte à tous, soit extrêmement improbable, sinon impossible.

Il y a trois siècles, au temps de Newton, tout était pourtant simple : les physiciens expliquaient que le monde était organisé par un « grand horloger ». Il n'était pas nécessaire de comprendre le sens des choses, puisqu'il était de nature divine. Il a fallu refuser cette solution facile d'une volonté supérieure chargée de tout organiser lorsque la science s'est détachée de la religion. Puis la physique nous a montré, au début de ce siècle, qu'il existait, sous l'apparente logique du monde sensible, un autre monde tout différent, complexe, quelquefois même hasardeux, incohérent ou chaotique. Nous payons le prix de nous être débarrassés des solutions faciles du type « grand horloger », en nous trouvant devant un monde devenu soudain mystérieux et difficile, sinon impossible à appréhender par le commun des mortels.

On ne peut malgré tout échapper à l'interrogation : existe-t-il ce qu'on a appelé une « réalité en soi », différente de la réalité sensible que nous observons — laquelle est souvent fausse, on l'a vu — et qui existerait même s'il n'y avait pas d'hommes pour la ressentir ? Le monde de la vraie réalité pourrait-il être en partie insaisissable, voire inconnaissable ? Si oui, aurons-nous jamais les moyens de la connaître ? Depuis deux mille ans, les philosophes, puis les hommes de science ont discuté autour de ce thème de la réalité du monde, et cette discussion a eu des conséquences heureuses. Car le fait que nous ne connaissions de l'univers, de façon immédiate, que ce que nos sens nous proposent est à la source de tout savoir : c'est à partir de nos impressions sensorielles que nous commençons à nous poser des questions sur ce qui nous entoure, et à nous demander s'il n'existe pas une réalité cachée, au-delà de ce que nous voyons. La science commence avec des problèmes du type : est-ce la Terre qui tourne autour du Soleil, ou l'inverse ?

Mais on peut aussi se demander si le fait que la science, malgré ses immenses progrès, n'est pas parvenue à fournir toutes les explications que nous souhaiterions, cela tient à ce que plus elle avance, plus elle ouvre des portes qui mènent à de nouvelles interrogations. Chaque découverte repousse l'horizon de la connaissance. Plus nous croyons savoir, plus nous nous rendons compte de notre ignorance. Au point que certains se demandent si la démarche scientifique parviendra jamais à fournir des réponses satisfaisantes à toutes nos questions.

Il faut être conscient, en tout cas, que les lois que nous formulons pour expliquer le monde ne sont pas immuables : elles ne fournissent, au mieux, qu'une image de la réalité, elles restent des théories, des hypothèses, susceptibles d'être remises en question à tout moment. Celles de Newton ont contredit celles de Galilée et ont été contredites par celles d'Einstein, comme celles d'Einstein l'ont été par la physique quantique. Cette dernière, pourtant universellement acceptée, pourrait être remplacée un jour par une nouvelle physique, qui reste à créer. Il devient de plus en plus illusoire, à mesure que la science progresse, de croire qu'une théorie ou une loi soient vraies de façon absolue. Tout savoir est provisoire.

On peut encore envisager que nous ne pourrons jamais avoir accès à la réalité parce que nous ne pouvons, au mieux, connaître qu'un réel « voilé ». C'est la thèse que défend, par exemple, le physicien Bernard d'Espagnat. Il soutient que la science, qui ne décrit pas ce qui est, mais seulement son apparence, sera donc à tout jamais impuissante à nous conduire à la réalité des choses. Tout ce que révèlent la physique, les atomes, les particules, ne forme pas la réalité en soi, mais seulement une image « voilée » de cette réalité, une approximation du réel. La réalité absolue nous est fondamentalement inconnue et restera toujours mystérieuse. C'est ce qu'ont défendu, autrefois, nombre de philosophes, de Platon à Kant, pour qui l'homme ne peut avoir accès qu'à des phénomènes. Pour d'Espagnat, le sacré – c'est-à-dire la croyance en Dieu –, l'art, la poésie ou la philosophie peuvent, aussi bien sinon mieux que la science, conduire à la connaissance du réel. Si tant est que l'homme puisse jamais aller au fond des choses et comprendre l'ordre du monde, ce dont doutent aussi bien des philosophes que des scientifiques.

On peut aussi considérer, comme l'envisageait Max Planck, le créateur de la physique quantique, qu'il existe un troisième monde, différent à la fois du monde réel et du monde sensible, celui qui est étudié par les physiciens. Ce troisième monde, en grande partie mathématique, serait une création de l'esprit humain, faite dans ce but bien précis, donc sujette à des modifications, au fur et à mesure des progrès de la science. Il aurait pour double but de donner une connaissance aussi complète que possible du monde réel et de décrire aussi clairement que possible le monde sensible. « Il est faux de croire que le rôle de la physique consiste à découvrir ce qu'est la nature, dit le physicien Niels Bohr. Elle a pour objet ce que nous pouvons dire de la nature. » Pour lui, comme pour d'autres physiciens, il faut, sinon renoncer à croire à une réalité indépendante de nous, dire au moins que nous ne pouvons y avoir un accès direct, ni pouvoir la décrire, ce qui revient au même. La seule réalité que nous observons est celle de notre expérience, la science n'atteint que les phénomènes.

Le monde est-il trop complexe pour notre entendement ?

Par ailleurs, les hommes et les femmes de science ont abandonné depuis longtemps l'ambition de répondre aux questions fondamentales que nous nous posons parfois sur la matière, sur la vie ou sur l'homme. Ils ont décidé que la seule chose raisonnable qu'ils pouvaient faire, c'était de travailler patiemment à résoudre de petits problèmes, bien précis, bien carrés, dans l'espoir qu'à la longue l'addition de ces petites solutions éclairera les grands problèmes. Ils agissent comme si la compréhension d'un système compliqué pouvait être acquise en étudiant patiemment tous ses composants. La réalité d'un organisme est-elle éclairée lorsqu'on a minutieusement détaillé tous ses éléments ? Ce n'est malheureusement pas évident : on a patiemment examiné, depuis des siècles, la plupart des organismes existants, et on a toujours autant de difficulté à définir un être vivant. On ne sait pas pourquoi, ni comment la vie est apparue sur la Terre. Il en est de même pour l'univers, dont l'apparition reste un mystère. On a compris pourquoi tombe la pomme de Newton et comment agit la gravitation, mais on ne sait toujours pas ce qu'est cette étrange force qui pousse les objets massifs les uns vers les autres. Pas plus qu'on n'a compris pourquoi la lumière file à 300 000 km à la seconde, ou comment d'un œuf sort un être vivant complexe et organisé. Des dizaines de milliers d'hommes et de femmes travaillent pourtant chaque jour dans les laboratoires et les centres de recherche et publient des milliers de communications. Mais cela ne nous avance guère dans la compréhension des grands mystères de l'univers, qui ne sont d'ailleurs jamais évoqués dans ces communications.

Cela viendrait-il de ce que le monde est trop compliqué pour que nous puissions en comprendre le sens ? Il est vrai que plus on les étudie, plus la matière et le vivant apparaissent complexes. Mais cela est-il un bon reflet de la réalité, ou cette apparence de complexité ne traduit-elle que l'insuffisance de notre connaissance des éléments essentiels de l'univers, de la façon dont ils sont apparus et de leur organisation ? Le programme d'un ordinateur et son agencement interne sont relativement simples, alors qu'il permet des calculs d'une grande complexité. Un système, une machine, apparemment compliqués, deviennent simples dès qu'on en a compris le mécanisme et la structure. Pourrait-il en être de même pour le monde ?

Pour l'instant, les hommes de science répondent à l'apparente complexité de la nature par celle de leurs explications. Mais la nécessité de bâtir des modèles complexes pour expliquer le monde traduit-elle une propriété de la nature ou seulement une caractéristique de notre cerveau ? Certains grands physiciens ont défendu la thèse selon laquelle le monde serait simple. « La nature aime la simplicité, en elle il n'y a jamais rien d'inutile ou de superflu », écrivait Kepler en 1596. Einstein affirmait : « Dieu est subtil, mais il n'est pas malicieux. » Il était persuadé que l'homme finirait par trouver la raison d'être du monde, qu'il estimait être fondamentalement simple et rationnelle.

Peut-être nous manque-t-il d'autres Kepler, d'autres Newton, d'autres Einstein pour nous donner le sens profond du monde. Les physiciens s'efforcent, depuis quelques dizaines d'années, de réunir autant qu'ils le peuvent leurs théories explicatives dans l'espoir de parvenir à une loi unique qui permettrait de comprendre l'univers dans sa totalité. « Un jour viendra, dit le physicien John Wheeler, où la porte s'ouvrira et montrera le mécanisme central du monde, dans toute sa rayonnante beauté et sa simplicité. » Quelques autres hommes de science partagent cette préoccupation. « Si nous découvrons une théorie complète, elle devrait être compréhensible dans ses grandes lignes par tout le monde, et non par une poignée de scientifiques. Alors nous tous, philosophes, scientifiques et même gens de la rue, serons capables de prendre part à la discussion sur la question de savoir pourquoi l'univers et nous existons. Si nous trouvons la réponse à cette question, ce sera le triomphe ultime de la raison humaine – à ce moment-là, nous connaîtrons la pensée de Dieu », écrit le cosmologiste anglais Stephen Hawking, en conclusion de son livre *Une brève histoire du temps*. Nous n'en sommes malheureusement pas là, loin s'en faut.

Au travers de quelques-unes des grandes interrogations non encore complètement résolues, nous allons, dans les pages suivantes, voir que le monde est à la fois logique et complexe, ordonné et hasardeux, prodigue et raisonnable. La naissance de l'univers, l'apparition de la vie, l'évolution du monde vivant, la création d'un être vivant à partir d'un œuf minuscule sont autant de mystères qui ne sont pas résolus et qui fournissent donc de bonnes occasions de réfléchir sur le sens que l'on peut donner au monde, sur la façon dont il est né et s'est organisé. Il semble, par exemple, que l'univers comme la vie soient apparus sans avoir été créés de l'extérieur, comme s'ils étaient nés d'une auto-organisation, d'une sorte de nécessité, que personne ne sait expliquer, et dont le sens, la raison d'être nous échappent. Il est également surprenant de constater que la très grande complexité de l'univers, comme celle des êtres vivants, se soit organisée à partir d'un élément minuscule, un œuf pour l'être vivant, la première cellule pour le foisonnement de la vie, un point, peut-être même un vide singulier pour l'univers.

Mais avant d'évoquer ces mystères, il est important de prendre en compte deux éléments qui conditionnent désormais le regard que nous portons sur le monde et surtout qui sous-tendent les explications que tentent d'en donner les hommes de science. L'un est cette physique moderne, désormais incontournable, qui gère l'infiniment petit, la mécanique quantique, devenue, pour les physiciens, l'une des explications clés du monde. Elle est, malheureusement, inaccessible au profane. L'autre est ce mystérieux hasard, tout aussi difficile à définir, et qui pourrait avoir joué un rôle essentiel dans l'auto-organisation de la matière et du monde vivant.

II

UNE DESCRIPTION RÉVOLUTIONNAIRE DE LA RÉALITÉ : LA PHYSIQUE QUANTIQUE

> *Théorie devenue incontournable, indispensable à tous ceux qui étudient l'infiniment petit, la mécanique quantique reste inconnue du plus grand nombre d'entre nous, du fait de sa complexité. Elle propose un monde fascinant, incertain, hasardeux, surtout fait de probabilités.*

Si les phénomènes visibles peuvent être convenablement décrits par la physique classique – ce terme comprenant celle d'Einstein – et que nous pouvons donc les comprendre, fût-ce au prix d'un effort d'attention, lorsqu'on passe au niveau invisible des atomes et des particules il faut changer complètement de registre et utiliser une technique originale : la physique quantique. Elle représente le superbe exemple d'une théorie qui, pour l'ensemble des physiciens, est devenue incontournable : elle décrit parfaitement le monde de l'infiniment petit. Mais sa complexité fait qu'elle échappe à l'entendement de la plupart d'entre nous.

Son importance n'est plus discutée : elle joue un rôle essentiel dans les explications des processus qui organisent la matière, inerte ou vivante, depuis ce qui se passa aux tous débuts de l'univers, lors du big-bang, jusqu'à la façon dont interagissent les particules au sein des atomes, ou les protéines dans nos cellules. La physique quantique a permis de comprendre les phénomènes essentiels de la chimie, lui donnant un nouvel essor. Elle a fourni de nouvelles explications des propriétés des corps solides, autorisant par exemple l'apparition des transistors. Le laser est basé sur un phénomène purement quantique. La mécanique quantique intervient aussi dans d'innombrables processus pratiques, de la télévision à la génétique. Elle est à la base de la plupart des progrès récents en électronique, en informatique, en physique du solide, en optique laser, en physique nucléaire, comme en chimie ou en biologie moléculaire. Elle a révolutionné la façon de comprendre les systèmes composés d'un très grand nombre d'éléments identiques. Elle donne accès à l'ordre caché qui gouverne les choses et fournit une explication cohérente de l'univers.

La physique quantique est donc devenue à la fois incontestable et incontournable, elle joue un rôle essentiel dans la science moderne, mais elle reste très difficile à comprendre, ce qui explique qu'elle n'ait jamais été ressentie comme importante par le public, à la différence de la relativité d'Einstein. Cette dernière rejoint en bien des points le sens commun − nous ressentons tous que le temps peut passer de façon différente suivant que nous nous amusons ou que nous nous ennuyons −, alors que la physique quantique traite d'éléments qui n'ont aucune relation avec notre univers quotidien. Elle est dénuée de tout romantisme, de tout attrait immédiat. Elle ne nous offre aucune image intelligible du monde. Voltaire pouvait expliquer la physique de Newton à ses contemporains, aucun philosophe d'aujourd'hui ne se harsarde à faire de même avec la physique quantique. L'hypothèse des quanta, dit le physicien allemand Max Planck, qui la formula en 1900, forme un contraste saisissant avec l'harmonie apparente de la nature. Elle fait l'effet d'un explosif menaçant introduit au milieu de l'édifice de la physique. Elle en contredit les postulats en apparence les plus fondamentaux. C'est une véritable subversion des idées.

Lorsque la physique quantique est née, on croyait, en effet, tenir une explication claire du monde, soit en termes d'objets matériels − les atomes, les particules − soit en termes de relations entre ces objets, de mouvements dans la matière, comme les ondes, ou encore comme le champ, c'est-à-dire la zone où se fait sentir un effet, électrique ou magnétique par exemple. Les objets pouvaient agir les uns sur les autres, soit directement, soit par l'intermédiaire de ces champs. La logique apparente du monde paraissait claire. Mais Max Planck démontra, d'une façon qui apparut vite indiscutable, que les échanges d'énergie entre la matière et le rayonnement s'effectuent, non de façon régulière, mais par paquets, par quantités discontinues − d'où le nom de quantum donné à chacun de ces paquets. Cette discontinuité provoqua une véritable révolution dans la physique et suscita d'abord des protestations véhémentes. Mais Einstein, en 1905, démontra à son tour que la lumière, que l'on croyait fermement être une onde, est formée de grains d'énergie, qu'on appellera plus tard des photons. La physique quantique venait de naître.

On est passé des mots aux symboles

Si cette physique moderne reste inconnue de la plupart des hommes, même cultivés, et si elle apparaît inaccessible au commun des mortels, cela tient à ce qu'elle échappe à l'entendement, car elle utilise des notions qui cherchent à nous faire comprendre le monde en maniant des idées et des concepts qui s'écartent totalement de la vision quotidienne des choses et en utilisant des mathématiques difficiles. Chaque nouvelle théorie ayant pour ambition d'expliquer le monde, de Newton à Max Planck en passant par Einstein, a eu le souci affiché de ramener le complexe au simple. Mais les physiciens n'ont pas d'autre moyen, pour cela, que d'utiliser une formulation mathématique, laquelle est une création de l'esprit humain sans relation directe avec la réalité, un moyen certainement efficace, mais de plus en plus abstrait, de la mettre en formules.

On est passé ainsi des mots aux symboles, ces derniers devenant de plus en plus hermétiques. « Les nombres sont l'essence des choses », disait déjà Pythagore. Pour Galilée, le livre de la nature est écrit dans un langage mathématique. Mais il échappe ainsi à ceux qui ne savent pas comprendre ce langage. On ne peut plus expliquer le monde, faire ressentir sa beauté à ceux qui n'ont aucune connaissance profonde des mathématiques, disait à ses étudiants le physicien américain Richard Feynman. Il leur montrait que les mathématiques ne sont pas qu'un langage commode, c'est un langage plus une logique, un outil pour le raisonnement. « Si vous voulez apprendre à connaître la nature, à l'apprécier, vous devez comprendre son langage, car elle ne se révèle que sous cette forme. Nous ne sommes pas prétentieux au point de lui demander de changer », disait-il, reprenant le mot du géomètre grec Euclide, répondant à son roi qui se plaignait des difficultés de son enseignement : « Il n'y a pas de voie royale. » L'astronome James Jeans affirmait de son côté que « le grand architecte semble être mathématicien ». La physique, pour les hommes de science, ne sera jamais claire et précise, ni capable d'imposer ses doctrines au consentement universel, si elle ne parle pas le langage mathématique. « Nul n'entre ici s'il n'est géomètre » est plus que jamais inscrit sur le fronton de la maison de la science. Mais l'efficacité des mathématiques a un revers : elles savent presque mettre le monde en formules – presque, car un modèle décrivant l'univers en détail serait vraisemblablement trop compliqué pour le meilleur mathématicien – mais elles oublient en même temps de le faire comprendre à l'homme de la rue.

Comment, dans ce cas, obtenir un consentement universel ? Comment faire partager au plus grand nombre l'exaltation de comprendre le monde ? Newton, comme Einstein et les physiciens contemporains ont formulé de très habiles constructions mathématiques pour expliquer des éléments de l'univers, mais cela n'avance en rien notre compréhension du sens qu'il faut donner à cet univers. A la limite, cela apporte du trouble car la réalité même des choses est mise en question par la physique moderne : les particules qu'étudie le physicien pourraient sans dommage être remplacées par des formules. Un électron tournant autour d'un noyau, dans un atome, peut être représenté en physique quantique par une onde, il ne parcourt pas un chemin précis, mais une série de trajectoires possibles. C'est un nuage et non plus un objet. Les particules les plus élémentaires de la matière sont à jamais invisibles, enfermées dans des particules plus grosses dont elles ne peuvent sortir. Ces particules ne possèdent plus d'individualité. On peut se poser la question de savoir si l'on peut parler de la réalité de ces éléments avec lesquels jonglent les physiciens, mais dont, une fois encore, le sens nous échappe. Peut-être que le cerveau de la plupart des hommes est ainsi fait, depuis des millénaires, qu'il ne comprend instinctivement que ce qui se passe dans le monde que lui présentent ses sens, dans un espace réduit à trois dimensions. Lorsqu'on lui décrit l'univers extravagant de la physique quantique, le cerveau de l'homme moyen ne peut comprendre qu'au prix d'un violent effort, que tout le monde n'accepte pas de faire.

Il se pourrait pourtant que notre monde sensible n'ait de sens qu'à la lumière de ce que nous apprend cette physique moderne. Mieux, que l'existence de ce qu'on pourrait appeler le monde quantique soit une condition nécessaire à l'émergence de la matière complexe, c'est-à-dire de la vie, de l'homme, de notre pensée consciente, de notre intelligence. Ce monde quantique ferait donc partie de l'essence même de l'univers. Il en serait la réalité profonde. Cela n'empêche que l'on peut considérer comme une insuffisance que cette physique ne puisse s'appliquer de façon intelligible au monde sensible. Cela fait qu'elle ne peut pas être une véritable physique de la nature, dit le physicien anglais Roger Penrose, qui croit, comme Einstein, qu'elle devra être remplacée un jour par une théorie nouvelle, plus complète, qui unifierait la mécanique quantique avec la relativité d'Einstein et s'adapterait aux deux mondes, celui de l'infiniment petit et celui que nous voyons tous les jours.

Un monde de probabilités

La physique quantique introduit en outre l'incertitude, et donc le hasard, dans un monde que l'on pouvait croire partout ordonné et déterministe. Dans le monde sensible, chaque effet semble avoir une cause, chaque événement dépend d'un événement antérieur, l'état de ce que nous voyons à un moment donné conditionne ce que nous verrons à l'instant suivant. Cela n'existe plus en mécanique quantique, c'est ce qui explique qu'Einstein ait toujours été réticent vis-à-vis de cette physique nouvelle, qu'il avait pourtant aidé puissamment à créer : il était choqué par l'incertitude et le flou qu'elle propose, car il croyait fermement que la nature était faite de simplicité et de logique et qu'elle était déterministe. Alors que la physique quantique nous dit que la réalité profonde des choses nous échappera toujours, que ce qui est fondamental c'est l'inconnaissable, que des particules peuvent apparaître et disparaître sans raison apparente, ou changer brusquement de direction, qu'elles n'ont pas de place établie.

Dans notre monde habituel, chaque objet est pourtant situé à une place bien précise et l'on ne peut imaginer qu'il interfère instantanément avec un autre objet à une vitesse plus grande que celle de la lumière. En physique quantique, cette double séparabilité, spatiale et dynamique, n'existe pas : les particules, par exemple, ne sont plus des éléments isolés, situés à un endroit bien déterminé. Des expériences ont montré, nous le verrons, qu'une mesure faite sur une particule influence instantanément une autre particule, issue de la même source, même si elle est située à des années-lumière de la première. « La nouvelle mécanique, dit son fondateur, Max Planck, considère que tout point du système se trouve, à tout instant, dans tout l'espace qui est mis à sa disposition. »

Une particule est considérée parfois comme une onde dans le monde quantique, et le mariage du ponctuel de l'une et du flou de l'autre conduit à l'incertitude. Par exemple, on ne peut déterminer avec précision la position et la vitesse d'une particule. On ne peut même jamais les mesurer simultanément, car, d'une part, il n'existe pas d'instrument capable d'effectuer en même temps une mesure dans l'espace et une dans le temps, et, d'autre part, cette mesure affecte obligatoirement la particule, qu'elle déplace ou déforme, et elle devient donc sans intérêt. Ce qui se passe dans le monde quantique dépend de la façon dont on l'observe, on ne peut pas isoler le phénomène observé de l'appareil avec lequel on le mesure, ce qui a fait dire que l'observateur crée la réalité.

On pouvait pourtant raisonnablement croire, en physique classique, que l'augmentation de la précision des systèmes de mesure permettrait d'obtenir une précision de plus en plus grande de cette mesure. Cet espoir est balayé par la mécanique quantique : c'est une raison de principe qui limitera toujours la certitude de la mesure de la vitesse et de la position d'une particule. Ce qui montre, encore une fois, que le progrès de la science se fait d'une façon de plus en plus abstraite, de plus en plus éloignée du monde de nos sens.

Le monde de l'infiniment petit, devenu hors de toute observation précise, échappe du coup à toute prévision : il n'est gouverné que par les probabilités, les statistiques. C'est un monde de relations, davantage qu'un monde fait de la réunion d'objets, comme dans la physique classique. La notion de probabilité devient le fondement de toute la physique, dit Max Planck. Une particule ne peut être décrite que par une formule mathématique. On dit que cette particule est, en fait, un paquet d'ondes : tout ce qu'on peut savoir d'elle, c'est qu'on a des chances de la trouver dans un espace donné. Le mot « onde » ne désigne, en fait, que la probabilité d'existence d'un certain état. Toute particule est obligatoirement associée à cet instrument mathématique qu'on appelle un « champ », comparable à ce que nous connaissons en physique classique sous les noms de champ électrique ou magnétique, mais appliqué à la matière. Ce champ peut exister, même en l'absence de particule réelle, même là où elle n'est pas. A la limite, on peut considérer que la physique quantique implique un monde où les particules n'existent pas par elles-mêmes : seul l'ensemble de toutes les particules, y compris celles de l'appareil de mesure, a une réalité. Ce que nous appelons le réel est, pour le physicien moderne, un ensemble de champs, où les objets, lorsqu'ils existent, interfèrent avec d'autres d'une façon *a priori* incompréhensible, au hasard. Aucun objet ne peut exister à un endroit donné de façon définitive, aucun mouvement n'est constamment identique. La belle logique du monde a volé en éclats, pour laisser place à l'indétermination fondamentale, à l'incertitude.

Einstein était choqué

Einstein, choqué par cette incertitude, et notamment qu'on ne puisse déterminer en même temps et directement la position et l'impulsion — c'est-à-dire la vitesse — d'une particule, imagina une expérience qui permettrait cette mesure. Elle utiliserait deux particules qui, comme deux boules de billard frappées par une troisième, s'éloigneraient l'une de l'autre de façon symétrique après avoir subi la même impulsion. Elles tourneraient, par exemple, dans le sens contraire l'une de l'autre. Rien n'empêche, disait en substance le principe de cette expérience théorique, de déduire les caractéristiques de la première en mesurant celles de l'autre, ce qui aurait contredit le principe d'incertitude, fondamental en physique quantique. Mais des expériences réelles ont montré qu'Einstein avait tort : une mesure faite sur l'une des deux particules nées d'un même atome influence instantanément l'autre, même si elle est située très loin. Les deux particules, même très éloignées l'une de l'autre, ne peuvent pas, en fait, être considérées individuellement, elles ne peuvent plus être caractérisées séparément : c'est ce qu'on appelle, en physique quantique, le principe de non-séparabilité, de non-localisation des propriétés de chaque particule. Les deux particules sont liées par la même fonction d'onde : les deux systèmes représentés par les deux particules ne pourront plus jamais être décrits par deux fonctions d'onde différentes, une fois que les deux particules se sont séparées.

Ses prédictions n'indiquant que la probabilité d'un événement et non l'affirmation qu'il aura lieu ou non, la réalité quantique est donc incertaine, hasardeuse — et c'est cela aussi qui hérissait Einstein, qui fut toujours persuadé que « Dieu ne joue pas aux dés », comme il le disait souvent, que la nature est rationnellement organisée, qu'elle obéit à des lois précises et que l'esprit de l'homme sera suffisamment astucieux pour trouver la raison d'être de tout ce qui existe et découvrir l'organisation cachée des choses. Il était choqué que le physicien quantique affirme que la réalité est partiellement créée par l'observateur. Il était persuadé que la mécanique quantique ne fournissait qu'une description incomplète de la nature et que la probabilité qui affecte le mouvement d'une particule, par exemple, ne venait que d'une insuffisance de nos moyens pour calculer sa trajectoire. Il croyait donc qu'une autre physique allait apparaître, qui dépasserait la mécanique quantique et il y travailla toutes ses dernières années, sans y parvenir. D'autres physiciens ont pris le relais, mais aucun n'a encore réussi à créer cette physique nouvelle. Même si la physique quantique n'est qu'une description du monde, même si elle ne traduit pas nécessairement la réalité profonde des choses au niveau de l'infiniment petit, elle est encore la meilleure description que l'on en connaisse.

Son incertitude fondamentale n'enlève pourtant pas tout déterminisme au monde quantique. Max Planck a toujours beaucoup insisté sur ce point. Mais il y règne un déterminisme très différent de celui du monde visible, car il s'applique à des systèmes d'ondes et non plus à des points matériels. C'est un déterminisme statistique. Seules existent réellement, en physique quantique, les probabilités des événements, qui seules peuvent donc être déterminées, tout comme on peut prédire combien de fois, sur un grand nombre de coups, telle face de dé ou telle figure de carte à jouer apparaîtra, sans pouvoir le prédire à chaque fois. Des événements physiques seront, en mécanique quantique, à jamais imprévisibles, comme la détermination précise et simultanée de la position et de la vitesse d'une particule. Mais ces déterminations sont-elles les plus importantes pour définir un objet ?

On peut se demander, plus généralement, si le monde réel doit nécessairement être déterministe, ce qui n'est pas évident, bien que les hommes l'aient toujours souhaité, car ils ont un grand besoin de sécurité, et ils se sont toujours sentis mal à l'aise face à l'incertitude, à l'indétermination. C'est bien pour cela qu'ils ont inventé Dieu, celui qui, par définition, connaît tout du passé et de l'avenir, et qu'ils consultent si volontiers les astrologues et les voyantes. Mais les physiciens modernes ont définitivement effacé cette notion d'un monde déterministe : contrairement à ce que pensait Einstein, tout se passe comme si Dieu jouait aux dés. « Et, en plus, il les jette là où on ne peut pas les voir », ajoute, avec son humour britannique, l'astrophysicien Stephen Hawking. « Si Dieu a construit le monde comme un mécanisme parfait, écrit le physicien Max Born à Einstein, du moins a-t-il fait suffisamment de concessions à l'imperfection de notre intellect pour que nous n'ayons pas, lorsque nous désirons en connaître les plus infimes parties, à résoudre d'innombrables équations, mais seulement à lancer les dés avec une probabilité non négligeable de gagner. »

On peut observer que ce n'est pas seulement dans le monde quantique qu'il existe des phénomènes naturels que l'on ne pourra jamais mettre en lois précises. Celui de la radioactivité, par exemple, traduit le fait qu'à un moment donné, aussi imprévisible qu'aléatoire, un atome explose, alors qu'il est resté calme depuis très longtemps – un million d'années parfois. Pourquoi cet atome et pas son voisin, qui restera parfaitement indifférent au phénomène pourtant cataclysmique à son échelle – et pourquoi à ce moment et non à un autre ? On l'ignore. Cela est dû au hasard, disent les physiciens, qui désespèrent de comprendre les lois qui régissent ce phénomène. Ces lois existent-elles, d'ailleurs ? Sans doute : il doit bien y avoir une raison pour qu'un atome se désintègre ainsi. La méthode statistique est, en tout cas, la seule qui soit actuellement utilisable pour gérer ce mode d'activité naturelle de la matière : elle ne peut porter que sur un grand nombre d'atomes, mais elle est efficace car elle peut permettre la prédiction. Il a été démontré par l'expérience que, au bout d'un certain nombre d'années, un pourcentage donné d'un corps radioactif se sera désintégré, sans qu'on puisse jamais connaître quels atomes seront touchés pendant ce temps. La mécanique quantique, en tout cas, nous oblige à regarder de plus près cette notion floue, mal définie, mais qui redevient essentielle avec la physique moderne : le hasard.

III

LE CHAOS ET LE HASARD

Le hasard intervient souvent dans les processus naturels. Mais il n'est pas seulement un élément de désordre, de chaos. Il peut aussi apporter de l'ordre, surtout lorsqu'il agit sur un très grand nombre de facteurs. Le hasard peut alors être créateur.

Qu'est-ce donc que le hasard et quel est son rôle dans l'univers ? N'existe-t-il que du fait de notre ignorance ou est-il un élément de la nature même des choses, comme le voudrait la physique moderne ? Il est difficile d'en donner une définition acceptable par tous. La plus classique veut qu'un événement fortuit soit celui généré par la combinaison d'événements appartenant à des séries indépendantes les unes des autres. L'exemple souvent donné est celui du passant frappé par une tuile tombée du toit : le hasard conditionnerait seul leur rencontre. Cela n'est pas évident : si l'on connaissait parfaitement les mouvements respectifs de la tuile et du passant, on pourrait savoir s'ils se rencontreront ou non. On ne parle pas de hasard lorsque la tuile tombe sur le trottoir sans atteindre quiconque. Il en est de même pour le fait de savoir sur quelle face retombera la pièce de monnaie, au jeu de pile et face, ou dans quelle case s'arrêtera la bille à la roulette. Les résultats sont parfaitement déterminés par la façon dont est lancée la pièce ou la bille et par le fonctionnement de la roulette. Le seul problème est que nous sommes incapables d'analyser en détail ces éléments : le hasard n'est dans ces cas que le nom donné à notre ignorance.

On observe souvent qu'il suffit d'une très petite intervention, éventuellement due à ce que nous appelons le hasard, c'est-à-dire imprévisible, et qui se produit au début du déroulement d'un phénomène complexe, pour que le résultat soit très différent de ce qu'on attendait. C'est ce que le météorologue Lorenz a joliment baptisé dans les années 60 l' « effet papillon ». Il suffit du battement d'aile d'un papillon lors de l'amorce d'un phénomène météorologique pour qu'il se déroule, plus tard, de façon complètement différente, à des milliers de kilomètres plus loin. C'est pourquoi il sera à jamais impossible de prédire le temps longtemps à l'avance, car il faudrait pour cela être capable de tenir compte de tous les événements qui influencent ce temps, y compris ceux qui se produisent au hasard, ce qui est manifestement irréalisable. C'est ce qu'on appelle la sensibilité aux conditions initiales, qui est la principale caractéristique des phénomènes chaotiques. Il existe peut-être des causes à tout, mais lorsqu'on les multiplie, on arrive à une complexité qui n'a plus de sens apparent. C'est une définition du chaos. Pour l'étudier, il s'est développé depuis quelques années une science du désordre, qui travaille sur ces phénomènes chaotiques que l'on a retrouvés partout, en biologie – dans l'évolution des populations d'insectes et de microbes, ou celle des épidémies, ou encore dans les oscillations de l'activité électrique du cerveau et du cœur – comme en économie, dans les cours de la Bourse par exemple.

Plus près de nous, le calcul montre qu'il suffit de très peu de chose pour modifier, d'une façon que l'on peut appeler hasardeuse, des éléments de la réalité : la perturbation du champ de gravité lié à la présence de spectateurs près d'une table de billard influence le mouvement des billes. Si cette perturbation est d'une importance négligeable lorsqu'on regarde le choc de deux boules, elle ne l'est plus lorsqu'on veut calculer les interactions d'une dizaine d'entre elles. On est allé plus loin : les physiciens démontrent que puisque, selon les lois de la gravitation, tous les corps s'attirent mutuellement, il suffirait de retirer l'action sur le champ de gravité d'une seule particule, en la supprimant, pour perturber le déroulement d'un phénomène banal comme le comportement d'un gaz dans un récipient – et cela même si la particule supprimée est située très loin, à des années-lumière. Cette perturbation sera faible, elle ne jouera peut-être que sur le choc de quelques particules du gaz, mais elle existera cependant. Le grand mathématicien français Henri Poincaré écrivait déjà, il y a près d'un siècle, que pour connaître exactement tous les éléments qui caractérisent un phénomène qui se produit à un moment donné, il faudrait pouvoir décrire, tout aussi précisément, l'état de l'univers tout entier à ce même moment. Ce qui est manifestement impossible.

Chaque planète du système solaire est ainsi perturbée dans son mouvement autour du Soleil — en apparence bien établi par les lois de la gravitation — par d'innombrables causes, dues non seulement à l'existence des autres planètes, mais aussi à celles de toutes les étoiles. C'est pourquoi les planètes ne parcourent jamais une ellipse parfaite dans leur course autour du Soleil, comme le voudraient pourtant les calculs de Kepler et de Newton. Le mathématicien et astronome français Jacques Laskar a récemment montré, après des années de calculs, qu'il est impossible de prévoir avec précision, donc avec certitude, la trajectoire des planètes après plusieurs dizaines de millions d'années. L'erreur pourrait, alors, atteindre 100 %. Leur comportement pourrait donc devenir chaotique, ce qui aurait des conséquences catastrophiques : certaines pourraient, par exemple, quitter leur orbite après un temps très long. D'autres phénomènes astronomiques sont chaotiques, comme l'activité du Soleil, ou les mouvements des étoiles dans les galaxies. Leur avenir est imprévisible à long terme et donc inaccessible, car la plus petite erreur, la plus petite instabilité prennent vite des proportions importantes, au point de modifier tout le système. Les processus instables sont nombreux dans l'univers et ils sont tellement sensibles aux très petites perturbations que leur comportement en devient imprévisible. L'ordre parfait n'est pas de ce monde, le hasard intervient dans la plupart des phénomènes, comme il semble avoir joué un rôle déterminant dans certains processus primordiaux de la vie de l'univers. Il joue aussi dans la vie quotidienne : des mathématiciens se sont aperçus que la résolution d'équations pourtant parfaitement identiques donne des résultats différents, si l'on pousse un peu loin le calcul, lorsqu'on travaille sur plusieurs ordinateurs, pourtant de la même marque : il suffit d'une infime variation, hasardeuse, dans le fonctionnement des systèmes informatiques, pour modifier le résultat après un certain nombre de décimales.

Le hasard peut créer de l'ordre

Mais ce hasard, qui nous apparaît le plus souvent comme un élément d'inorganisation, de désordre, peut aussi créer de l'ordre. Les exemples en sont nombreux. On estime que c'est le hasard qui, à la naissance d'un être vivant, fait naître un mâle plutôt qu'une femelle. Si c'est le cas, ce hasard est créateur d'un ordre essentiel, celui qui permet que les mâles et les femelles soient en nombre à peu près égal, ce qui autorise la reproduction sexuelle. Autre exemple : le monde vivant est basé sur la chimie du carbone, sans ce corps chimique, elle n'existerait pas. Or la création de carbone résulte de la rencontre de noyaux d'hélium selon un processus très particulier et dans des circonstances de vitesse et d'énergie qui paraissent avoir été réunies par hasard, au cours de surprenantes coïncidences, au début de l'univers.

Apparaît ici un phénomène essentiel, celui du nombre d'éléments en jeu : tout se passe comme si l'intervention des grands nombres était génératrice d'ordre dans un système apparemment désordonné et hasardeux. Si l'équilibre entre mâles et femelles est efficace, c'est qu'il agit sur un grand nombre d'individus. Si le carbone est né, c'est probablement parce que les interactions entre les noyaux d'hélium étaient alors extrêmement nombreuses, ce qui a augmenté les chances de réussite, même si cette réussite était la conséquence d'un hasard. On peut donner d'autres exemples : si la charge de l'électron avait été différente – et pourquoi est-elle ce qu'elle est ? – les étoiles n'auraient pas explosé et répandu les atomes dont nous sommes faits. Mais les électrons sont innombrables. On peut aussi prendre des cas plus simples : rien ne nous apparaît plus hasardeux que le lancer d'une pièce, qui peut retomber sur pile ou sur face, mais si on lance la pièce un grand nombre de fois, pile et face apparaîtront un nombre de fois très proche. C'est la loi des grands nombres, établie par Simon-Denis Poisson en 1835, et qu'il définit ainsi : « Si l'on observe un très grand nombre d'événements du même genre, dépendant de causes qui varient d'une façon irrégulière... on trouve que les rapports entre les différentes issues possibles sont très proches d'être constants. » On peut encore dire qu'une action aléatoire aura des conséquences parfaitement prévisibles, si elle est répétée un grand nombre de fois. Le hasard aurait donc des lois. Il n'y a pas de hasard sans loi. Une preuve évidente que le hasard peut créer de l'ordre.

L'apparition de la vie sur la Terre montre aussi que le hasard, associé à de grands nombres, crée de l'ordre. Cette apparition résulte probablement d'une très longue série d'accidents fortuits et d'une suite d'essais et d'erreurs, étalée sur des centaines de millions d'années. Il en est de même de son développement, depuis plus de 3 milliards d'années, au cours de la longue histoire de l'évolution des êtres vivants, basée sur une suite ininterrompue de mutations, c'est-à-dire de modifications, faites au hasard, des caractéristiques des êtres vivants, que la sélection naturelle fixe ensuite, en fonction de la meilleure adaptation à l'environnement. Mais le changement de l'environnement est souvent dû, lui aussi, à ce que nous appelons le hasard. L'adaptation d'une espèce vivante à son milieu est, bien évidemment, un élément d'ordre – qui résulte donc du jeu de deux hasards.

En ce qui nous concerne, nous sommes, au niveau de notre hérédité, le résultat d'une loterie hasardeuse tirée 23 fois, c'est-à-dire sur la moitié des chromosomes du père et de la mère, lorsqu'ils se divisent – au hasard – pour nous créer. Cela correspond à 8 millions d'ovules et de spermatozoïdes différents (2^{23}), ce qui offre à la fécondation 64 000 milliards de combinaisons (8 millions × 8 millions). Il résulte le plus souvent de cette loterie un organisme équilibré et ordonné, et toujours un être original et unique – s'il n'a pas de jumeau parfait. Et cela se produit de façon semblable chez tous les êtres vivants qui se reproduisent sexuellement.

On retrouve ces grands nombres dans tout l'univers. Les chiffres donnent le vertige : il y a davantage d'étoiles dans notre seule galaxie

– la Voie lactée – que d'êtres humains ayant jamais vécu. Il existe des centaines de milliards de galaxies, et l'on ne peut donc qu'imaginer le nombre total d'étoiles. Dans le domaine du vivant, il en est de même. On compte environ 5 millions d'espèces animales. Pourquoi autant ? Lorsqu'on descend dans le monde de l'infiniment petit, les chiffres donnent le même vertige. Il existe davantage de protéines dans une bactérie que d'espèces minérales recensées sur toute la surface de la Terre et un gramme de protéine enferme 50 milliards de milliards de molécules. On compte 1 000 milliards de milliards de ces molécules, assemblages d'atomes, dans une goutte d'eau ou dans un centimètre cube d'air. Lord Kelvin, physicien anglais, donnait une image saisissante de ces très grands nombres. Imaginons, disait-il, que l'on puisse marquer de façon indélébile les molécules contenues dans un verre d'eau. Si l'on verse ce verre dans l'ensemble des océans de la planète et qu'on mélange bien, il suffira ensuite de puiser n'importe où un verre d'eau de mer pour y trouver environ une centaine des molécules marquées. On peut faire une autre comparaison : pour compter les molécules qui existent dans un centimètre cube d'air, à raison d'une par seconde, il faudrait 100 fois plus de temps qu'il s'en est écoulé depuis la naissance de notre univers, il y a 15 milliards d'années.

Pourquoi ces chiffres sont-ils aussi importants dans les deux sens ? Pourquoi la nature est-elle si prodigue ? Pourquoi les atomes sont-ils si petits, les galaxies si immenses ? On a du mal à répondre à ces questions, mais il semble que si l'univers possède une logique interne. S'il est complexe, mais organisé, cela est lié au fait qu'il est composé d'un très grand nombre d'éléments. Cela peut susciter une impression de redondance, voire de gâchis. Mais, nous le verrons plus en détail à propos de l'évolution du monde vivant, cette redondance joue un rôle essentiel pour assurer la cohérence du monde, laquelle est faite à la fois d'ordre, de logique et de complexité. Il semble bien qu'il existe une harmonie profonde entre le nombre et les dimensions des composants de l'univers et l'organisation – dans un temps très long – de ce même univers. Malheureusement, le sens de cette harmonie nous échappe encore.

On cite, dans toutes les études montrant comment l'ordre peut sortir du désordre, l'exemple, désormais classique, des singes tapant au hasard sur des machines à écrire et qui finissent par écrire un sonnet de Shakespeare ou une tragédie de Racine. Ou des imprimantes automatiques composant des textes en combinant, toujours au hasard, les lettres de l'alphabet et qui arrivent au même résultat. Le principe étant qu'en agissant ainsi pendant très longtemps, on passe nécessairement en revue toutes les combinaisons possibles de cet agencement des lettres de l'alphabet — et par conséquent, au passage, celles qui correspondent à un sonnet de Shakespeare ou à une tragédie de Racine. Le problème est que les combinaisons des lettres de l'alphabet et des signes de ponctuation sont au nombre d'environ 10^{100}. Pour explorer toutes ces combinaisons, il faudrait que les singes — ou les imprimantes — soient aussi nombreux que les atomes de l'univers et qu'ils travaillent sans discontinuer depuis le début de cet univers, c'est-à-dire depuis quelque 15 milliards d'années. C'est-à-dire que, pratiquement, cela est tout à fait irréalisable — et que l'intervention du hasard comme créateur d'ordre doit toujours être considérée en fonction d'un temps très long et sur un très grand nombre d'éléments. Ce qui reste compatible avec l'organisation des éléments inertes d'un univers vieux de 15 milliards d'années et d'une évolution du vivant datant de plus de 3 milliards d'années.

Le hasard peut donc être créateur. On peut même aller plus loin et soutenir qu'il peut être un élément créatif essentiel, car aucun système organisé, qu'il s'agisse d'un ordinateur ou d'un être vivant, ne peut produire quelque chose de nouveau s'il n'enferme pas quelque source de hasard. Tous les systèmes organisés que nous voyons autour de nous semblent posséder une tendance naturelle à évoluer vers une complexité plus grande, qu'il s'agisse d'éléments inertes, comme les groupements d'atomes et de molécules qui forment l'univers — ou d'éléments vivants, comme cela s'est passé au cours de l'évolution, depuis que la vie est apparue sur la Terre. Le monde semble toujours évoluer en fonction d'un devenir. Si l'on refuse, comme le font la quasi-totalité des scientifiques, la solution facile de ce qu'on appelait autrefois une mystérieuse « force vitale », ou l'intervention d'une autorité suprême, divine, il ne reste comme élément moteur de cette évolution que le hasard, agissant avec le temps sur un grand nombre d'éléments.

On peut considérer, en effet, que l'ordre parfait, l'équilibre absolu ne peuvent exister dans un monde harmonieux et évolutif, car ils engendrent la monotonie et la mort. C'est peut-être pour cela que tout bouge dans le monde, aussi bien les électrons autour du noyau des atomes que les particules qui parcourent l'espace à la vitesse de la lumière, que les molécules dans un verre d'eau, ou les planètes autour des étoiles – que l'univers lui-même, qui s'expand sans cesse. Tout système qui ne possède pas la possibilité – par le hasard, mais aussi par la complexité et l'utilisation d'un grand nombre d'éléments – d'évoluer, c'est-à-dire de multiplier les solutions, est voué à la disparition. La nouveauté, cet élément essentiel de tout mouvement, de toute activité, dans le monde inerte comme dans celui du vivant, est conditionnée par cette possibilité. Le hasard serait donc nécessaire à l'organisation du monde, à son indispensable complexité, à son enrichissement.

D'autres hommes de science vont plus loin et défendent l'hypothèse hardie selon laquelle le monde serait si peu ordonné, si hasardeux, qu'il en deviendrait absurde, mais que notre esprit serait trop logique pour admettre cette absurdité. Peut-être avons-nous tort, disent-ils, de chercher désespérément à expliquer le monde, à en chercher des lois logiques. Peut-être le désordre est-il universel et qu'il existe même sous ce que nous prenons pour de l'ordre. On peut envisager cette hypothèse sous une autre forme : lorsque les hommes auront disparu, lors de la prochaine catastrophe planétaire, l'univers aura-t-il encore un sens, s'il n'existe plus personne pour le lui donner ? Pour l'un des plus célèbres astrophysiciens américains, Steven Weinberg, « plus l'univers semble compréhensible et plus il semble également absurde. Plus nous le connaissons, plus il apparaît qu'il n'a pas de signification ». Mais ces pessimistes n'ont peut-être pas raison. Pourrait-on réellement vivre sans être persuadé que le monde a un sens ? Que la vie a un sens ? Même les incroyants n'échappent pas à ces interrogations fondamentales.

IV

L'ÉTRANGE NAISSANCE DE L'UNIVERS

> *Né de rien, l'univers est rapidement sorti du chaos originel pour créer des structures bien ordonnées. Pourquoi ? Comment ? La logique du monde nous semble réelle, mais son sens nous échappe, comme reste mystérieuse la naissance même de l'univers.*

La physique moderne nous propose donc un monde bien étrange, bien éloigné de la logique que nous pensions trouver partout. Un monde où, à la limite, la matière peut être définie par ce qui semble être son absence, c'est-à-dire ce que nous appelons le vide. Ce dernier n'est pas, pour le physicien, synonyme de rien, du néant, comme dans le langage courant. C'est pour lui comme le mode d'hibernation de la matière, un état d'énergie minimale, qu'il suffit d'exciter pour que la matière y apparaisse. Un état qui fluctue sans cesse, qui oscille constamment entre deux autres, celui où il n'y a rien et celui où il existe quelque chose. Le vide est l'état latent de la matière, dit l'astrophysicien Michel Cassé, l'essence originale de tous les corps, l'état d'énergie minimale du système de champs qui constitue le monde, un océan de particules virtuelles, fugaces et inobservables, mais qui sont cependant les agents de transmission des forces naturelles. La gravitation, par exemple, existe partout, même dans le vide, qui est pour le physicien un espace-temps chargé d'une invisible énergie. On est entré dans le domaine des anges.

Les physiciens ont pourtant réussi à mettre en évidence la réalité de ces particules virtuelles, et à les transformer expérimentalement en particules réelles : il n'existe donc aucun doute sur l'existence de ce vide étrange. Lorsqu'on place deux plaques de métal dans le vide le plus poussé qu'on puisse réaliser, on observe que ces plaques s'attirent, par l'effet d'une force liée à l'énergie du vide. Si l'on envoie un très fort courant électrique entre ces plaques, on observe la création spontanée de particules réelles, observables. De même, on peut créer artificiellement des particules dans le vide des grands accélérateurs de particules, à partir de leur intense énergie. L'instabilité est l'une des propriétés du vide, et elle peut se résoudre en création dans un monde quantique. Le vide fluctue de manière aléatoire entre l'être et le néant, dit le physicien américain Heinz Pagels.

L'astrophysicien Stephen Hawking a démontré que le champ de gravité intense qui existe près d'un « trou noir », cet état ultime d'une étoile qui s'effondre sur elle-même et devient donc d'une densité quasi infinie, crée des particules. La gravité étant, selon Einstein, une déformation de l'espace-temps, c'est donc ce dernier qui crée les particules. Il reste à comprendre d'où vient cet espace-temps. Pouvait-il exister avant l'univers ? Le principe même de l'expansion de l'univers, qui n'est plus discuté, suppose qu'à chaque instant notre univers s'étend, que son espace se crée donc. Et cet espace ne peut exister indépendamment de ce qu'il contient. A partir de quoi se crée-t-il ? Du néant ? Qu'est-ce donc que le néant ? C'est la vieille histoire du serpent qui se mord la queue.

Le physicien moderne estime que ce que nous appelons rien et qu'il appelle vide est un élément essentiel de l'univers. La création de matière à partir de ce vide lui paraît donc une chose normale. Ce qui lui fait dire que l'univers a pu naître d'une « fluctuation quantique du vide », laquelle a créé des « défauts » dans le vide, qui ont favorisé l'apparition de la matière inorganisée qui existait au tout début du monde. Sait-on, pour autant, comment est né l'univers, il y a environ 15 milliards d'années ? On parvient à remonter le temps, par le calcul, jusqu'à un instant très proche du tout début de cet univers, mais le moment même de sa naissance nous échappe – et il est probable qu'on ne pourra jamais le connaître. Ce qui donne à notre univers un statut bien particulier, car comment bien comprendre quelque chose quand on ne connaît pas la raison de son existence, ni la façon dont elle est apparue ?

Le temps zéro de l'univers n'existe pas :
il n'y avait pas d'avant

On croit souvent qu'à son origine l'univers était condensé dans une minuscule bille, laquelle aurait explosé lors de ce qu'on appelle le big-bang, la matière qu'il enfermait s'étendant peu à peu dans une expansion qui se poursuit toujours – et n'aura jamais de fin, semble-t-il, car il semble bien que nous soyons dans un univers en expansion continue. C'est l'image qui résulte du déroulement à l'envers d'un film qui retracerait l'histoire de l'univers. Il est établi, en effet, qu'à l'heure actuelle les galaxies s'écartent les unes des autres dans un mouvement d'expansion qui date des premiers instants : si l'on projette le film en arrière, on aboutit donc à cette minuscule bille d'où tout l'univers serait sorti.

Les physiciens contestent cette image simpliste. L'univers n'est pas né dans une explosion de matière, disent-ils. Il a été immédiatement d'une densité infinie et son espace également infini, même s'il était réduit à la dimension d'un noyau d'atome. Il est apparu dans un état de chaos impossible à décrire, où régnaient une énergie, une chaleur considérables, qui empêchaient la matière organisée de se former. Les notions d'espace et de temps n'avaient pas le sens que nous leur donnons aujourd'hui, dans cet état chaotique né du vide quantique.

De même, les astronomes refusent la notion d'un temps zéro de l'univers. Il ne peut pas exister, pas plus que le « froid zéro » (– 273°) ou la vitesse absolue de la lumière (300 000 kms à la seconde). Ce sont là des limites que l'on ne pourra jamais atteindre. L'instant zéro n'appartient pas au temps, il n'est pas sur la flèche du temps, pas plus que 300 000 kms/s n'est sur l'échelle des vitesses. Il ne fait pas partie du passé de l'univers. C'est un infini inaccessible. A la limite, il ne peut pas être pensé, et certains n'hésitent pas à ajouter, non sans humour, qu'on pourrait admettre, puisque son origine temporelle n'existe pas, que l'univers n'a jamais commencé, que le big-bang n'a jamais eu lieu. « La question de l'origine est un mythe », dit Hubert Reeves. Il est vrai que si l'on commence à chercher une réponse à la question « qu'y avait-il avant ? », il n'y a aucune raison pour qu'on ne demande pas ensuite « et encore avant ? » – et l'on n'en finirait jamais. C'est ainsi que saint Augustin a éliminé la question « et que faisait Dieu avant de créer l'univers ? » en affirmant, le premier, que le temps avait été créé avec le monde.

Pour les physiciens actuels il est clair, en tout cas, que ce problème de l'origine n'a pas de sens, dans la mesure où tout a commencé avec l'univers, le temps, l'espace, la matière. Il n'y avait donc pas d'avant. C'est par le même principe que l'on ne peut pas appliquer les lois de la physique à la création du monde. Car cet ensemble de théories et de démonstrations est indissolublement lié à notre univers, il ne peut s'appliquer qu'à lui – il est donc inconcevable d'utiliser cette physique pour quelque chose qui aurait existé avant l'univers, qui aurait conditionné et réglé son apparition.

Ce déploiement soudain de l'espace-temps et de la matière à l'occasion du big-bang est une notion difficilement imaginable. On a beaucoup de mal à admettre qu'à un moment donné, on ne sait trop pourquoi, tout est soudain apparu à partir de rien, la matière, le temps, l'espace. Le sens commun réclame qu'il y ait eu une origine à cette formidable énergie qui a créé le monde et qui l'a lancé dans la fantastique expansion qui se poursuit encore aujourd'hui, 15 milliards d'années plus tard. On a envie de dire aux physiciens qu'il est trop facile de décider ainsi que tout a commencé par un coup de baguette magique. Sauf qu'il n'y a pas de magie, car les affirmations sur l'origine de l'univers résultent de calculs précis et sont en accord parfait avec les théories les plus efficaces de la physique, celles de la relativité générale et de la physique quantique, qui permettent de remonter, à partir de ce qui existe aujourd'hui, presque aux premiers instants de l'univers. Elles résultent également d'observations précises faites avec les caméras spéciales des satellites chargés d'analyser la lumière et les radiations venues du fond de l'univers.

On observe, par exemple, ce qu'on appelle le « rayonnement fossile », une radiation faible mais bien réelle, qui est le lointain écho affaibli de l'extravagante énergie qui régna aux tout débuts du monde.

Mais l'homme de la rue ne peut pas s'empêcher de poser la question : qu'y avait-il donc au vrai commencement ? Si l'univers est né d'une « fluctuation du vide quantique », de ce faux vide qui n'est pas le néant auquel nous associons naïvement l'idée de vide, mais un état d'énergie minimale de la matière, l'état latent d'une réalité qu'il suffit d'exciter pour qu'apparaisse de la matière − alors on ne peut pas échapper à cette question : d'où provient ce vide qui est tout de même une réalité, puisqu'il est rempli de matière virtuelle ? Qu'existait-il auparavant ? « L'espace vide explosa de lui-même sous la puissance répulsive du vide quantique », répond de façon énigmatique le physicien Paul Davies, qui compare ce phénomène à l'explosion, tout aussi imprévisible et inexplicable, du noyau d'un corps radioactif. Mais le noyau radioactif a une réalité et dispose d'une énergie qui explique son comportement. D'où le vide a-t-il acquis une énergie suffisante pour créer le monde ?

La seule réponse des cosmologistes n'en est pas une : ils affirment que l'instabilité naturelle du vide quantique le pousse à se dilater, et à générer du coup des quantités fantastiques d'énergie. C'est la « vertu dormitive » de l'opium de Molière. C'est, d'une certaine manière, ouvrir la porte au retour des explications métaphysiques ou divines de l'origine du monde. Lorsqu'on les interroge sur l'origine et la nature de ce vide quantique aux propriétés si étonnantes, les physiciens répondent en s'appuyant sur les affirmations d'apparence surprenante de la mécanique quantique, qui indique que le moment précis et la description de la création d'une particule sont imprévisibles, et à la limite indescriptibles. Il n'y a pas de lien de cause à effet dans le monde quantique, la création à partir de rien n'y est donc pas une absurdité.

Pour la cosmologie quantique, qui est une œuvre d'imagination pure, la naissance de l'univers serait donc un événement sans cause.

Stephen Hawking, l'un de ses défenseurs, a bâti une théorie, difficile à comprendre, qui explique que le monde n'a pas d'origine, qu'il est apparu dans un espace-temps qui ne possède aucune singularité formant frontière ou bords. Il prend l'image du globe terrestre qui, lui non plus, n'a pas de frontière – on peut courir perpétuellement jusqu'à l'horizon sans jamais tomber derrière – mais il est pourtant fini en expansion. Pour l'anecdote, Stephen Hawking a développé cette théorie lors d'une conférence faite au Vatican, mais sous une forme si mathématique que personne n'a compris que cela impliquait qu'il ne pouvait exister de Créateur.

Une autre théorie selon laquelle l'univers est né de rien a été défendue par le physicien américain Edward Tyson, en 1973 : il se basait sur l'hypothèse que l'énergie totale de l'univers est actuellement nulle, c'est-à-dire que l'énergie gravitationnelle et celles liées aux rayonnements et aux mouvement des particules et des astres se compensent. Si cette énergie totale est aujourd'hui nulle, elle a pu l'être également au début de l'univers, qui a donc pu naître de rien. Cette idée choque le sens commun, mais après tout, font remarquer les physiciens, une symphonie ou un tableau ne naissent-ils pas d'une façon comparable à partir de rien de palpable, sinon ce qui se passe dans l'esprit du créateur ? Les pensées, les idées sont-elles créées par quelque chose ? Elles forment pourtant aussi un monde.

Cette discussion n'a de sens que parce que nous sommes enfermés dans un système de pensée qui veut que tout ait une cause – y compris l'univers, y compris la vie sur Terre, y compris nous-mêmes. Une cause qui soit extérieure alors que les physiciens modernes estiment que l'univers – tout comme la vie – est sa propre cause. C'est ce même système de pensée qui a fait que les hommes ont inventé des dieux qui les auraient précédés, et dont l'existence a permis d'expliquer pendant des siècles la création des choses et des êtres. Alors qu'il semble bien que les deux apparitions les plus importantes, mais aussi les plus troublantes, les plus mystérieuses, celles de l'univers et de la vie, pourraient être le résultat d'une sorte d'auto-organisation. Elles auraient possédé en elles-mêmes le pouvoir de se créer, puis de s'organiser et de se complexifier. L'univers se serait fabriqué lui-même, sans intervention extérieure. « La seule manière de comprendre l'univers comme un système global est de le concevoir en tant qu'entité auto-organisée », dit le physicien théoricien américain Lee Smolin, pour qui la création et l'évolution de l'univers ressemble à celles des êtres vivants, et pour qui la physique depuis Einstein et la biologie depuis Darwin sont comparables en tant que description de systèmes complexes qui se sont structurés de l'intérieur sans être créés ni observés de l'extérieur. « L'univers, dit de son côté l'astrophysicien anglais Stephen Hawking, se contiendrait entièrement lui-même. Il n'a ni commencement, ni fin, il ne pourrait être ni créé ni détruit. Il ne pourrait qu'être. » Comme le dit un autre physicien, l'univers de l'espace-temps et de la matière possède une cohérence interne et se contient tout entier. Il possède en lui la raison de son existence.

Cette discussion n'a de sens que si l'on considère que notre univers est unique. S'il est apparu, au contraire, dans le cadre d'un système plus vaste où d'autres univers auraient pu naître parallèlement ou successivement, quelque chose, alors, aurait pu le précéder. Des physiciens ont, en effet, imaginé que notre univers a pris la suite d'un précédent, lequel se serait contracté au point de devenir immensément dense, pour s'écraser dans un *big crunch*, et qui aurait éclaté ensuite en un big-bang, dans un épisode d'une suite, peut-être sans fin, d'expansion et de contraction. Cette hypothèse, digne d'un roman d'anticipation, est très discutée, mais elle apparaît cependant dans certaines théories récentes. Il en est de même pour la vie si elle existe sur d'autres planètes.

Notre monde pourrait encore se trouver, en même temps que d'autres, dans une sorte de « super-bulle », à jamais inconnaissable et peut être éternelle. Tout cela pourrait signifier que le temps aurait pu exister avant la naissance de notre univers. Le temps aurait, alors, précédé l'existence, comme le dit le chimiste belge Ilya Prigogine, prix Nobel. Pourquoi pas également cette mystérieuse énergie qui aurait provoqué la naissance de notre univers ? Cette hypothèse d'univers multiples ou successifs existe dans nombre de cosmogonies de cultures anciennes ou exotiques, mais elle avait disparu de la nôtre, sans doute avec l'influence prépondérante des religions à Dieu unique. Elle revient avec certaines hypothèses récentes. Une chose est sûre, en tout cas, c'est que notre univers n'est pas éternel, pas plus qu'il n'est statique : il y existe trop de phénomènes irréversibles, comme la naissance et la mort des étoiles, pour que cette éventualité soit possible. Il se peut que notre univers se dilate à l'infini, en se refroidissant peu à peu et qu'il s'évanouisse ainsi dans la glace et l'obscurité.

Pourrions-nous voir le big-bang ?

La question est souvent posée aux astronomes : puisque les télescopes, de plus en plus puissants, nous permettent de voir de plus en plus loin, c'est-à-dire de distinguer des objets qui sont apparus de plus en plus tôt dans l'histoire de l'univers, parviendrons-nous, un jour, à voir le big-bang ? Le satellite Cobe a capté déjà en 1992 des radiations émises 300 000 ans seulement après le big-bang. On ira certainement plus loin, mais l'observation visuelle aura des limites, qui sont celles de l'époque à laquelle la lumière s'est détachée de la matière, dans l'univers vieux seulement de quelques centaines de milliers d'années.

Une chose est sûre, en tout cas : les tout premiers instants de l'univers échapperont toujours à la connaissance, puisqu'ils ne sont pas accessibles à notre physique. Ce n'est qu'au moment où l'univers est vieux de beaucoup moins d'un milliardième de seconde, lorsque sa température est tombée à un million de milliards de degrés, que la physique peut s'appliquer, que les particules et les interactions que nous connaissons existent. On ne remontera donc jamais plus loin en arrière qu'à une limite calculée par le physicien allemand Max Planck et qu'on appelle donc la limite de Planck. Elle est située en échelle de température à 10^{32} degrés, chaleur au-delà de laquelle tout échappe à l'analyse, alors que l'univers existait depuis seulement 10^{-45} secondes. Avant cela, la densité du rayonnement émis devait être telle qu'elle engendrait un champ de gravité démesuré qui échappe au calcul.

A cette période de Planck, la matière est à la fois très dense, très chaude, opaque, faite d'une sorte de bouillie dotée d'une énergie si forte que les particules ne peuvent y exister de façon stable : elles naissent et disparaissent quasi instantanément, chaque particule étant annihilée par la rencontre avec son anti-particule. Cette bouillie, qui contient en germe tout l'univers futur, et qu'il serait donc passionnant d'étudier, restera à jamais hors de toute possibilité de connaissance. Nous sommes là, disent les physiciens, à un horizon de notre connaissance, évoquant celui qui empêche le navigateur de voir la mer plus loin qu'à une certaine distance – alors qu'elle existe pourtant au-delà de cet horizon, comme existent les premiers instants du monde au-delà de nos possibilités d'observation ou d'étude.

On ne peut reconstituer ce qui s'est passé pendant la toute première enfance de l'univers que par le calcul – ou l'imagination, et celle des cosmologistes peut s'exercer sans limites : leurs collègues ont parfois du mal à les contredire, car ce qu'on peut dire dans ce domaine est à jamais hors de toute vérification. Selon les hypothèses les plus généralement admises, ces tout premiers instants, d'infimes fractions de milliardième de milliardième de seconde, ne pourraient être appréhendés que par une physique qui n'existe pas encore, une théorie de la gravitation quantique, combinant relativité générale et mécanique quantique, que nous avons évoquée plus haut, et qui suppose, entre autres, un univers à de multiples dimensions, et un espace prenant des configurations infiniment changeantes. Cette physique, dont rêvait déjà Einstein, n'existe pas, mais des théories sont déjà imaginées pour la préparer, comme la « supergravité », ou celle des « supercordes », qui considère les particules comme des lignes vibrantes et suppose un univers à 11 ou 26 dimensions.

La première seconde

Les cosmologistes imaginent qu'à ses tout premiers instants l'univers, étant infiniment petit, obéissait aux lois de la physique quantique, c'est-à-dire qu'il n'existait pas d'objet défini, localisable, mais un ensemble flou, une « équation d'onde » soumise aux seules lois de la probabilité. C'est dire qu'à ce stade de réflexion il devient bien difficile d'évoquer comment l'univers a pu naître, ou d'expliquer comment d'un univers quantique aussi flou a pu succéder celui que nous connaissons et qui, en première approximation, a l'air bien ordonné.

« Au début, résume le physicien Paul Davies, l'univers jaillit spontanément du néant. D'un ferment indistinct d'énergie quantique, des bulles d'espace vide se sont mises à enfler à un rythme accéléré amenant à l'existence d'énormes réserves d'énergie. Ce faux vide, rempli d'énergie, était instable et bascula, transformant cette énergie en chaleur et chaque bulle en boule de feu. L'inflation s'arrêta, mais le big-bang avait commencé. L'horloge indiquait alors 10^{-32} secondes » (moins de 0,1 000 000 000 000 000 000 000 000 000 seconde).

Il faut s'arrêter sur ce surprenant phénomène de ces bulles d'univers qui se mettent, soudain, à enfler de façon extravagante. On l'appelle l'inflation, une hypothèse proposée en 1980 par l'astrophysicien américain Alan Guth. Cette inflation n'aurait duré que de 10^{-35} à 10^{-32} secondes et se serait donc produite aux tout premiers instants de l'univers. Elle aurait été gigantesque : l'univers, pendant cette période infiniment courte, aurait grandi d'une façon fantastique, de 10^{50} fois selon les uns, comme si le noyau d'un atome dépassait soudain la taille de l'univers actuel, bien davantage encore, de 10^{100} à $10^{1\,000\,000}$ de fois, selon d'autres, ce qui aboutirait à un fantastique volume, qui se mesurerait avec un nombre fait de 1 000 milliards de chiffres. Le diamètre de la bulle contenant l'univers aurait doublé tous les 10^{-34} secondes pendant cette inflation. Elle aurait produit une fantastique énergie, qui se serait libérée en un flux intense de particules et d'anti-particules, et qui aurait lancé le processus d'expansion qui se poursuit toujours actuellement. L'inflation se serait achevée lorsque l'énergie du vide s'est dissipée.

Ce phénomène n'est encore qu'une hypothèse qui a surtout pour intérêt de résoudre de difficiles mais importants problèmes cosmologiques, comme le fait que l'univers soit plat, qu'il contienne autant de matière, qu'il soit homogène, et qu'il ait été le siège de petites fluctuations de densité qui permettent d'expliquer comment les galaxies ont pu se former, bien plus tard, à partir de ces agrégats de matière. Cette hypothèse de l'inflation permet aussi d'envisager sérieusement ce que nous évoquions plus haut, que notre univers observable n'est peut-être qu'une toute petite partie d'un univers bien plus vaste, et que d'autres univers parallèles, comparables ou non au nôtre, auraient pu se former à ce moment à l'occasion d'autres bulles. S'ils existent, ont-ils eu une évolution semblable à celle de notre monde – en d'autres termes, la vie a-t-elle pu y apparaître ? Les cosmologistes, on le voit, ne manquent pas de sujets de réflexion...

Qu'est-ce qui a provoqué ce grandiose phénomène de l'inflation et lui a donné sa fantastique énergie ? Les physiciens répondent : une « brisure de symétrie » spontanée. C'est là un phénomène difficile à expliquer, que l'on peut comparer très grossièrement au dégagement d'énergie qui se produit lorsque l'eau, parfaitement symétrique, se transforme en glace, dont les cristaux le sont moins. Ce phénomène dégage de l'énergie du fait que les particules, fixées dans les cristaux, ne s'agitent plus autant. L'univers se serait trouvé, à ses tout débuts, comme « gelé » dans un état d'équilibre instable, comme dans ce qu'on appelle l'état de « surfusion » de l'eau refroidie, qui reste liquide au-dessous de 0°. Il suffit alors de la moindre impureté dans l'eau, de la moindre agitation, pour qu'elle se transforme entièrement en glace. C'est ce qui s'est passé pendant la guerre, en URSS, lorsqu'un troupeau de chevaux, affolés par un incendie, se jeta dans les eaux du lac Ladoga, en plein hiver : sous l'effet des chevaux, le lac, qui était en surfusion, se prit brutalement en glace, tuant tous les animaux. C'est d'une façon similaire qu'une formidable libération d'énergie aurait provoqué, au tout début du monde, la phase brutale d'inflation, à la suite d'une « brisure de symétrie », que les physiciens appellent encore « transition de phase », due à l'abaissement de la température, du fait du début d'expansion de l'univers.

Pendant les toutes premières fractions de seconde, l'univers a donc été essentiellement marqué par le chaos et la chaleur : il y régnait une température de plus de 100 milliards de milliards de milliards de degrés. La matière, liée intimement à l'anti-matière, y était extraordinairement dense, il n'y avait ni atomes, ni même de lumière, mais uniquement un magma de particules et d'anti-particules, mêlées en désordre les unes aux autres, qui s'associaient et se dissociaient sans cesse.

Puis on peut commencer à mieux raconter l'histoire : le refroidissement lié à l'expansion de l'univers, qui commence alors et continuera jusqu'à nous, a calmé les choses, la matière prend le pas sur l'anti-matière après la première seconde, alors qu'au commencement elles existaient toutes deux, équivalentes. Pourquoi ? Comment ? Cela a pu se passer par hasard – en tout cas on n'en connaît pas la cause. « Il se pourrait que ce soit par simple accident que la Terre – et nous par la même occasion – soit faite de matière plutôt que d'anti-matière », dit le physicien Paul Dirac. Cet accident est en tout cas le bienvenu, car le choc de matière et d'anti-matière provoque toujours une destruction brutale et une formidable libération d'énergie et il vaut mieux que notre galaxie ne risque pas de rencontrer des galaxies d'anti-matière.

Les astrophysiciens ne savent pas non plus expliquer pourquoi l'explosion initiale fut aussi puissante et comment elle fut aussi précisément adaptée à la force contraire de la gravité, qui naquit sans doute aussitôt et qui aurait pu annihiler toute expansion. Tout se passe comme si, depuis le tout début, la pièce avait été parfaitement montée pour se dérouler comme nous le voyons aujourd'hui, ce qui est à la fois surprenant et réconfortant.

On retrouve donc, relativement vite après le début du monde, cette logique qu'on avait perdue lors de la descente dans l'infiniment petit. Comme si l'univers avait, très vite, disposé de la possibilité de s'organiser de façon harmonieuse. On peut construire théoriquement d'autres modèles d'univers ayant, au départ, d'autres paramètres, mais ils aboutissent soit à des avortements en catastrophe, soit à des mondes chaotiques. Tout semble s'être passé comme si, dès son début, la logique de l'univers était inéluctable, comme s'il avait disposé très vite des éléments et de l'organisation qui allaient, au fil des millions d'années, lui donner son ordre et son harmonie. Comme s'il existait dans la nature un principe qui commande la mise en place de cet ordre.

Une complexité nécessaire

« L'univers semble posséder dans les temps les plus reculés toutes les propriétés requises pour permettre à la matière d'accéder à des états de complexité de plus en plus avancés », dit l'astrophysicien Hubert Reeves. C'est là un étonnant élément de réflexion, d'autant plus intéressant que les astronomes et les physiciens sont bien loin de nous donner des réponses claires sur l'origine et la raison de cette organisation primordiale – tout à fait essentielle puisque, en fin de compte, elle aboutit à nous. Le monde inerte nous paraît complexe, en effet, mais cette complexité n'est peut-être que le prix à payer pour que l'ordre s'installe et perdure. Il en est de même du vivant, nous le verrons. On peut envisager que cette complexité soit une nécessité de fonctionnement pour l'univers, dont l'existence même réclamerait un très grand nombre d'éléments et une combinatoire très élaborée. Un ordinateur est plus simple, dans sa logique et dans ses composants, que l'immense domaine de possibilités qu'offre son fonctionnement. Il n'apparaît compliqué que parce que nous ne prenons pas la peine, ou que nous ne savons pas en analyser les mécanismes et la structure. Pourrait-il en être de même du monde ?

On peut penser que, si le monde nous apparaît complexe, c'est que nous ne sommes pas assez intelligents pour saisir sa simplicité, masquée par une complexité qui n'est peut-être qu'une apparence. En d'autres termes, cette complexité est-elle profondément inhérente à la matière, ou n'existe-t-elle que dans la façon dont nous tentons de comprendre le monde ? Ce dernier pourrait nous paraître compliqué parce que nous ne savons imaginer que des théories complexes pour l'appréhender. Comme si nous ne parvenions pas à déchiffrer le bon code, comme si nous ne parvenions pas à saisir le mécanisme essentiel.

On peut estimer que le long temps qui passe et l'intervention des grands nombres ont été des facteurs d'ordre dans la complexité de l'univers. La purée chaotique des débuts du monde contenait, en effet, d'innombrables particules. Mais les astrophysiciens supposent que l'univers avait, à la fin de la période d'inflation, au moment où s'est réellement créée la matière, la taille d'une pomme, et qu'il était né d'une graine 1 milliard de milliards de milliards de milliards de fois plus petite que le noyau d'un atome. Faut-il penser que dans cette graine minuscule se trouvait en germe le futur univers, celui que nous connaissons – un peu comme se trouve en germe toute la complexité d'un être vivant dans la graine, dans l'œuf fécondé d'où il sortira ? Ou encore comme l'infinie diversité du monde vivant se trouverait en potentialité dans la minuscule cellule où la vie est apparue pour la première fois sur la Terre, il y a près de 4 milliards d'années ?

La question est troublante, car l'œuf résulte d'un choix de l'évolution, celui de la reproduction sexuée, qui s'est installée et a duré. Certes, elle a représenté un avantage important pour certaines espèces, mais cette révolution n'a probablement été acquise qu'après une longue suite d'essais et d'erreurs, comme toutes les étapes de l'évolution depuis l'origine de la vie. Or les astronomes nous assurent que la naissance de notre univers a été un phénomène unique, qu'il n'est pas le résultat de plusieurs essais. Le premier a donc été le bon, et que le monde soit malgré cela aussi bien organisé nous laisse rêveurs, car cela relèverait alors d'un fabuleux hasard. Certains auteurs talmudiques soutiennent – mais faut-il les croire ? — que 26 tentatives auraient précédé la genèse, toutes vouées à l'échec. « Pourvu que celui-ci tienne », se serait écrié Dieu en faisant enfin naître le monde à partir des débris résultant des précédentes tentatives. C'est parce qu'ils ne retrouvent pas les débris d'éventuelles tentatives que les astrophysiciens mettent en doute l'hypothèse que l'univers n'en serait pas à son premier essai. Et si toutes les combinaisons possibles avaient été longuement essayées dans une infinité d'univers parallèles que nous n'avons aucun moyen de connaître ?

L'univers s'organise

Après la période d'inflation, l'univers commence son expansion régulière, celle qui se poursuit toujours aujourd'hui — c'est-à-dire que tous les objets qui le constituent s'écartent les uns des autres, et cela d'autant plus vite qu'ils sont davantage éloignés. La physique s'applique alors que l'univers est vieux d'un milliardième de seconde, lorsque les diverses forces prennent la forme que nous leur connaissons. L'univers commence à s'organiser en protons, en neutrons et en électrons — avec leurs anti-particules. Sa température descend à 10 milliards de degrés après la première seconde. La matière, on l'a vu, a pris le pas sur l'anti-matière. Puis, à 1 milliard de degrés, naissent les premiers atomes légers, l'hydrogène d'abord, puis le deutérium et l'hélium. L'univers est alors vieux de 10 secondes. Un quart d'heure plus tard, il n'y a plus de formation d'atomes légers, la température est descendue à quelques centaines de millions de degrés. Ce n'est qu'au bout de 300 000 ans, la température étant alors d'environ 3 000°, que les photons se libèrent, permettant à la lumière d'exister hors de la matière. L'univers devient transparent. Après l'ère radiative, s'ouvre l'ère matérielle : la matière devient suffisamment dense pour subir de façon importante la gravitation et pour régler l'expansion de l'univers. Les étoiles et les galaxies vont pouvoir commencer à apparaître, 100 millions d'années plus tard, à partir des rassemblements de matière nés des petites fluctuations de densité formées au hasard, dès les premiers instants.

L'une des preuves que le monde est probablement cohérent et logique, c'est qu'il peut être décrit, dans ses grandes lignes, en utilisant un petit nombre de lois physiques, toujours en harmonie. Elles ne se contredisent jamais et restent valables partout, à toutes les échelles, de l'atome à l'étoile. Comme le dit joliment l'astrophysicien Hubert Reeves, il y a de la musique plutôt que du bruit. Ces lois sont universelles et absolues : elles expliquent le monde visible, indépendamment de l'homme, et s'appliquent à des phénomènes différents. Par exemple, celles de Newton sur la gravitation universelle sont utilisables en astronomie comme sur la Terre : grâce à elles, on explique aussi bien le mouvement des planètes que celui des marées, et elles permettent de lancer des satellites artificiels autour de notre globe. Il faut cependant être bien conscient que ces lois et ces théories ne sont pas des éléments qui commandent à la nature, mais seulement des modèles créés par l'homme pour tenter d'expliquer comment fonctionne le monde et pour le décrire. Les lois scientifiques ne sont pas des règles de la nature, elles sont imaginées de toutes pièces par le physicien pour l'aider à la comprendre. Ce sont des inventions humaines, efficaces et commodes pour connaître et surtout pour prédire. Il n'y a pas de science de la nature, disait en substance le physicien Heisenberg, il n'y a qu'une science de la connaissance qu'ont les hommes de la nature.

Un autre élément apparent d'ordre est le fait que l'univers paraît obéir à quatre forces fondamentales, quatre interactions essentielles qui assurent son fonctionnement harmonieux, et qui nous apparaissent comme les éléments de sa cohérence. Mais leur nature même, il faut bien l'admettre, est tout à fait mystérieuse. Ces forces seraient apparues très tôt après la naissance de l'univers, nous disent les astrophysiciens. La gravité, qui attire les corps massifs, assure la cohésion de la matière. Elle fait qu'il existe des galaxies, des étoiles, des planètes qui tournent autour, et permet aussi que nous marchions sur la surface de la Terre, tout comme les Australiens situés pourtant de l'autre côté, mais comme nous attirés inexorablement vers le centre de la planète. Sans la gravité, l'univers n'aurait pu ni naître, ni s'organiser en systèmes. La force de gravitation a intrigué les hommes depuis toujours. Newton a démontré les lois de son action, qui s'exerce en fonction directe de la masse des corps, le plus lourd attirant le plus léger, et en fonction inverse de la distance qui les sépare. C'est pourquoi la Terre attire la Lune et est attirée par le Soleil. Mais Newton avouait son ignorance quant aux causes et à la raison d'être de la gravitation. Nous en sommes au même point.

Einstein a levé une partie du voile, et transformé en même temps notre vision de l'univers, en montrant que la gravité est une courbure de l'espace, une déformation due aux objets massifs qui modifient par leur seule présence les propriétés de l'espace qui les entoure. Les planètes ne suivent plus, selon Einstein, des ellipses autour du Soleil, mais des lignes droites dans un espace courbé par la présence de notre étoile. La réalité de cette théorie de la relativité a été maintes fois démontrée par l'expérience. Lors de l'éclipse de Soleil de 1919, on a pu constater que, comme Einstein l'avait prédit, des étoiles situées derrière le Soleil, et donc invisibles, deviennent visibles lorsqu'on peut regarder, à l'occasion de l'éclipse, ce qui se trouve tout près du disque solaire : les rayons lumineux provenant de ces étoiles viennent jusqu'à nos yeux parce qu'ils sont courbés par la masse du soleil. C'est une illusion d'optique due à la gravitation. On a observé, depuis, de très nombreux autres mirages gravitationnels qui portent sur des astres ou des galaxies plus éloignés. La gravitation est une force faible, des milliards et des milliards de fois moins puissante que celle qui réunit les atomes, ce qui explique qu'on n'a pas encore pu mettre en évidence les ondes par lesquelles elle devrait se propager : elles ne produisent aucun effet qu'on sache capter et mesurer. L'électromagnétisme assure la cohésion des atomes, la structure des molécules et permet donc les processus de la chimie et de la biologie. Ces deux forces ont une portée infinie, elles s'exercent dans tout l'univers, ce qui fait qu'on les observe depuis longtemps. La force nucléaire forte – 100 fois plus que la précédente – donne leur cohésion aux noyaux des atomes, et permet donc que ces derniers se réunissent en molécules. La force appelée faible — elle l'est effectivement de 100 000 fois — permet des réactions importantes, comme la radioactivité, ou celles qui donnent aux étoiles leur puissance. Elle a donc permis que se répandent les atomes lourds, dont nous sommes faits, à la mort de ces étoiles. Ces deux dernières forces n'ont qu'une portée très limitée, restreinte au noyau des atomes, et elles n'ont donc été découvertes que depuis que l'on sait explorer ce noyau dans les grands accélérateurs de particules.

Si nous ignorons pourquoi elles existent et quelle en est la nature, il faut admettre que ces forces sont des éléments essentiels de l'univers : si elles étaient différentes, même de très peu, le monde ne serait pas ce qu'il est, ni les atomes, ni la vie n'auraient pu y apparaître. On a essayé, sans succès, de bâtir des théories d'univers stables avec moins de forces, ou des forces différentes. Il existe donc là une harmonie, un ordre secret, dont la nature profonde nous échappe, mais qui sont pourtant bien réels. « L'univers est un coup monté », résume l'astronome anglais Fred Hoyle. L'existence de ces forces traduit donc la logique du monde, même si nous sommes encore incapables de la comprendre. Même s'il nous semble complexe, force est d'admettre que nous vivons dans le plus simple des mondes imaginables.

L'idée qui prévaut généralement chez les physiciens est que ces quatre forces dérivent d'une seule « superforce », qui existait au tout début du monde : c'est elle qui l'aurait sorti du chaos originel pour lui permettre de s'organiser. Les spécialistes cherchent donc des théories qui unifieraient les forces de la nature, afin de recréer la simplicité originelle. Einstein a passé une grande partie de la fin de sa vie à tenter d'unifier la gravité et l'électromagnétisme, sans succès. Depuis, on a réussi, dans les grands accélérateurs de particules, à relier l'électromagnétisme et la force faible en une seule interaction électrofaible. Il est cependant douteux qu'on puisse aller plus loin dans cette « grande unification » des forces fondamentales dont rêvent les physiciens, car cela réclamerait des températures et des énergies qu'on ne sait pas produire sur la Terre : des milliards de milliards de milliards de degrés, des milliards de milliards de volts, des conditions qui ressembleraient à celles qui régnaient quelques infimes fractions de seconde après la naissance du monde.

Autre élément d'ordre : les grandes structures de l'univers n'existent que grâce à un subtil équilibre entre les diverses forces. La gravité tend, par exemple, à écraser la matière, mais l'électromagnétisme lui donne le pouvoir de résister. Cet équilibre, facteur d'ordre, existe parce que les forces ont des valeurs bien précises, fixées par ce qu'on appelle des constantes fondamentales, qui sont les mêmes partout, et ne pourraient être différentes sans que le monde subisse des transformations importantes − la vie, par exemple, devenant impossible. Ces constantes sont, entre autres, la valeur de la force de gravitation, la masse ou la charge électrique des particules, la vitesse de la lumière. Là aussi, le mystère est épais : pourquoi cette dernière est-elle de 300 000 km à la seconde, plutôt que 100 000 ou 1 000 000 ? Pourquoi la force de gravité a-t-elle la valeur que l'on mesure ? Personne ne peut le dire. Einstein avait coutume de se demander si « Dieu avait eu un choix » en concevant ainsi l'univers − en d'autres termes si un autre monde, différent du nôtre, pourrait exister avec d'autres constantes, et il ne savait que répondre. Existe-t-il un principe fondamental, qui nous échappe encore, lié à l'existence même de l'univers, et qui conditionnerait les valeurs des constantes universelles, et donc des forces qui régissent le monde ?

L'existence des constantes, comme celle des forces, traduit l'organisation logique du monde. A quoi répond-elle ? Pourquoi existe-t-elle ? Certains voudraient y voir une volonté supérieure, ordonnatrice, ce qui nous ramène trois siècles en arrière, à l'époque où l'on croyait que le monde était organisé par un « grand horloger ». Cela n'est guère compatible avec l'hypothèse qu'il puisse exister d'autres univers. Faut-il croire ceux qui, au contraire, affirment que ces constantes, comme les autres logiques de notre monde, ne sont ainsi que par un subtil jeu du hasard et des nécessités ? Elles pourraient aussi, en fin de compte, ne pas être des éléments propres au fonctionnement de l'univers, mais seulement des conventions créées par les physiciens pour bâtir leurs théories. Certains les considèrent comme les limites de la connaissance humaine, qui pourraient être modifiées à l'occasion d'une percée, d'un progrès dans notre connaissance du monde physique. Elles traduiraient le fait que la réalité de l'univers excède notre capacité à bien le représenter.

Les lettres de l'alphabet de la nature

Autre preuve de l'harmonie du monde : l'univers est homogène, il est organisé partout de la même façon, les particules forment des atomes, qui forment eux-mêmes des molécules, lesquelles se réunissent pour créer les objets et les êtres qui nous entourent. Les êtres vivants sont faits de tissus, d'organes et de membres, tous conçus sur des modèles très proches. Ils se regroupent en espèces, dans lesquelles les individus sont semblables, se reconnaissent, et ne s'apparient qu'entre eux. Les étoiles et leurs planètes constituent des systèmes qui se réunissent en galaxies, lesquelles se regroupent à leur tour en amas, puis en super-amas. Les composants de l'univers sont identiques partout, de notre table de chevet aux galaxies les plus lointaines, des microbes aux hommes. L'univers est homogène dans sa composition comme dans sa structure : les plantes, les animaux, les planètes, les étoiles, bien qu'il en existe diverses sortes, se ressemblent entre eux, ce qui permet de les nommer sans hésitation, de les classer, de les étudier.

L'univers fonctionne, par ailleurs, avec un nombre relativement petit de briques élémentaires, qui sont comme les lettres de l'alphabet de la nature. Pour la comprendre, on pourrait croire qu'il suffit d'ouvrir les poupées russes jusqu'à la dernière, de connaître toutes ces briques élémentaires, leurs structures et leurs combinaisons. Malheureusement, cela n'est pas aussi simple, car plus on descend dans l'intimité de la matière, moins les choses sont claires. A la diversité des formes correspond la complexité des composants ultimes. A la logique de l'univers observable correspond l'étrangeté du monde de l'infiniment petit.

Lorsqu'on la divise, la matière apparaît toujours faite d'un nombre limité de modèles d'atomes, 80 environ pour ceux qui sont stables, eux-mêmes composés d'un nombre limité de particules, qui obéissent à des lois bien précises et sont liées entre elles par des forces qui assurent la cohésion de la matière. Il y a probablement autant d'atomes dans un morceau de pain que d'étoiles dans l'univers. Invisibles, ils sont à ce point minuscules qu'on ne les aperçoit qu'à peine dans les plus puissants microscopes. Qu'y a-t-il à l'intérieur d'un atome ? On l'a appris en divisant la matière de façon de plus en plus fine, sans qu'on soit certain d'être parvenu au bout du jeu.

Chaque grain de matière, chaque atome, est parfaitement structuré, organisé de façon dynamique de la même façon, et c'est cette dynamique qui commande ses propriétés. Il est fait d'un noyau lourd, bien que minuscule, entouré d'un nuage de particules, des électrons. Pour voir à l'œil nu les atomes d'une balle de tennis, il faudrait agrandir cette balle aux dimensions de la Terre, mais nous ne verrions pas, alors, les particules qui composent ces atomes, encore bien plus minuscules et situés très loin. Si un atome avait les dimensions d'un immeuble de quinze étages, son noyau serait de la taille d'un grain de sel, et les légers électrons qui tournent autour auraient celles de grains de poussière : ils orbiteraient à des dizaines de mètres du noyau, car un atome est fait en grande partie de vide. Le noyau, qui concentre presque toute la masse de l'atome, est composé de deux sortes de particules, les protons et les neutrons, liés entre eux par une force nucléaire. Les forces sont plus importantes, au sein de l'atome, que la matérialité des particules qui le forment.

On a longtemps appelé élémentaires, par exemple, les particules qui forment les noyaux des atomes, jusqu'à ce qu'on s'aperçoive qu'il existe beaucoup d'autres particules, qui ont généralement une vie extrêmement brève et que l'on aperçoit, fugacement, dans les grands accélérateurs, les puissantes machines à casser les noyaux des atomes. Les physiciens ne savent pas pourquoi les particules existent, pourquoi elles sont si nombreuses, pourquoi elles possèdent les caractéristiques qu'on leur connaît, ni pourquoi elles interagissent entre elles avec les forces que l'on observe.

La descente dans le dernier étage de la matière s'avère donc décevant pour qui cherche à comprendre la logique du monde, car cette logique échappe à notre entendement dans l'infiniment petit. Pourquoi, par exemple, existe-t-il des particules à vie très brève, comme le muon, une sorte d'électron lourd, dont Isidor Rabi, son découvreur, lorsqu'il constata sa réalité, dit, comme celui qui voit arriver sur sa table un plat qu'il n'attend pas : « Mais qui a commandé cela ? » A quoi correspondent les neutrinos, ces particules fantômes, sans masse − ou une masse très faible −, sans charge électrique, qu'on a beaucoup de mal à entr'apercevoir, car ils traversent la Terre à la vitesse de la lumière sans subir la moindre interaction ? On dit qu'elles pourraient aussi bien traverser un écran de plomb épais d'une année-lumière. En parlant des neutrinos, un physicien dit : cela me rappelle l'homme qui, voyant pour la première fois une girafe, murmure : « Mais c'est impossible ! » C'est ce qui se rapproche le plus de « rien », dit un autre. Les neutrinos jouent pourtant un rôle pour la compréhension du destin de l'univers, car s'ils ont une masse, même faible, comme certains le pensent, comme ils sont très nombreux ils auraient alors une influence sur la densité de l'univers, laquelle conditionne son avenir, et décide s'il continuera à être en expansion ou s'il se refermera sur lui-même.

On a découvert, d'autre part, que les protons et les neutrons du noyau des atomes sont constitués de particules plus petites, qu'on a appelé les quarks, et dont on a découvert six modèles. Ces quarks, qui entrent dans la composition de toutes les particules, et donc de toute la matière, ont apporté un peu d'ordre dans le monde, devenu un peu compliqué, de ces particules, dont le nombre augmentait sans cesse. Mais en sont-ils les représentants ultimes ? Certains physiciens en doutent : il se pourrait qu'il en existe de plus élémentaires encore, des « sous-quarks » que l'on pourrait découvrir en mettant en œuvre bien davantage d'énergie que n'en possèdent nos plus grands accélérateurs de particules. Le jeu des poupées russes n'est pas terminé.

Ces quarks sont de bien étranges objets, dans la mesure où on n'en a jamais vu à l'état libre, et qu'on n'en verra probablement jamais, car tout prouve qu'ils ne peuvent exister qu'à l'intérieur des protons et des neutrons, où ils sont indissolublement liés entre eux et où ils s'agitent sans cesse à la vitesse de la lumière. Il semble que la force qui les retient augmente avec la distance, comme un élastique qui deviendrait de plus en plus puissant à mesure qu'on l'étire. Leur existence s'apparente davantage à un élément mathématique indispensable aux physiciens théoriciens dans le cadre de leur description de la matière, qui passe aujourd'hui par la physique quantique. Toutes les particules obéissent, au sein de l'atome, aux lois quantiques. Comme le disait le physicien américain Richard Feynman : « Elles sont toutes cinglées de la même façon. » Suivant la physique moderne, on arrive, à ce niveau ultime de la matière, à des éléments dont la réalité même devient discutable, dont l'ensemble ressemble plus à un brouillard qu'à un sac de billes.

V

LA FLÈCHE DU TEMPS

Né avec l'univers, le temps fait partie de l'ordre du monde. Il s'écoule inexorablement dans un seul sens. Il existe aussi bien dans la matière inerte que chez les êtres vivants, qui possèdent tous d'étranges horloges biologiques.

C'est bien plus tard, au sein des étoiles, que naîtront les atomes lourds, lesquels finiront par créer la matière complexe, notamment le carbone, puis les autres éléments qui serviront à faire la matière organique, donc à permettre que la vie puisse apparaître. Tout se passe dans une complexification croissante, parfaitement organisée au fil du temps. Les atomes, on l'a vu, sont tous faits sur le même modèle, un noyau entouré d'électrons. Les premiers apparus, les plus légers, étaient ceux d'hydrogène, le plus simple des corps, dont le noyau, fait d'une seule particule, est entouré d'un seul électron. L'hydrogène forme encore 90 % des atomes de l'univers. Puis se sont créés des atomes plus lourds, c'est-à-dire ceux dont le noyau est composé d'un plus grand nombre de protons et de neutrons, et qui sont dotés d'un cortège d'électrons plus abondants. Ces atomes lourds se sont répandus dans tout l'univers, au fur et à mesure que les étoiles ont explosé à la fin de leur vie, laquelle dure en général quelques milliards d'années : c'est pourquoi on a pu dire que nous sommes les fils des étoiles. Le Soleil et son cortège de planètes, dont notre Terre, se sont formés il y a seulement 4,6 milliards d'années, environ 10 milliards d'années après le big-bang.

On le voit, tout se passe comme si le déroulement du temps était un élément essentiel de l'organisation du monde, comme si la cohérence de ce dernier impliquait un mouvement plus ou moins rapide, mais irréversible, de l'instant passé à l'instant présent et à celui qui suivra. La flèche du temps fait partie de l'ordre du monde, elle est née avec lui. Le temps n'existait pas avant l'univers, et son évolution s'est toujours déroulée dans le même sens, suivant un rythme et pendant une durée qui ont permis à la matière de s'organiser et de se complexifier, aux étoiles d'apparaître, aux atomes lourds de se former en leur sein, aux planètes de se créer, à la vie de naître, à l'homme de venir au monde.

Certains voient là une raison de croire que l'homme était dans le projet d'univers et qu'il est un élément essentiel de sa cohérence. Le modèle d'univers que nous observons, disent-ils, est très précisément, et cela dès son tout début, celui qui a permis cette apparition de l'homme. C'est ce qu'on appelle le « principe anthropique », très discuté parmi les astronomes, les physiciens et les philosophes. Dans une autre interprétation, il fait de l'existence de l'homme un facteur qui aurait conditionné la valeur des constantes de l'univers, qui seraient telles qu'elles rendent la présence de l'homme obligatoire. La vie, et singulièrement la nôtre, serait ce qui donnerait un sens au monde. Cela rappelle les postulats de la physique quantique, qui veulent que l'observateur soit un élément intrinsèque de la réalité des choses, qu'il soit élevé, comme on l'a dit, au rang de participant. En serait-il de même en ce qui concerne l'univers ?

On ne peut s'empêcher surtout de penser que c'est là une étrange façon de raisonner, qui nous fait revenir aux idées qui avaient cours avant Copernic, lorsqu'on croyait que la Terre était le centre du monde, et donc aussi l'homme. On retourne à un finalisme que l'on croyait disparu de l'horizon scientifique, et qui nous mène droit à la notion d'un Créateur qui aurait voulu le monde en fonction de l'homme. Rien d'étonnant à ce que les croyants soient attirés par ce « principe anthropique » : dans la mesure où il postule que la vie intelligente est une raison d'être de l'univers, elle ne pourrait donc disparaître et devrait être éternelle. Ce qui est incompatible avec les données de l'évolution, qui montrent clairement que l'apparition de l'homme est un phénomène qui doit beaucoup au hasard, et que nous n'avons aucune raison de durer plus que d'autres espèces animales. De toute façon, il est établi que le Soleil a une vie limitée : il détruira toute vie sur Terre d'ici 4 milliards d'années, lorsqu'il aura achevé d'utiliser son combustible, qu'il deviendra extrêmement chaud, brûlant et volatilisant tout ce qui se trouve aux alentours, avant de s'éteindre. Faudra-t-il compter, alors, sur d'éventuelles et hypothétiques existences intelligentes extra-terrestres, installées sur d'autres planètes, pour justifier un « principe anthropique » qui s'appliquerait aussi à elles ?

Il paraît difficile, de toute façon, de considérer comme une théorie réellement scientifique une réflexion qui part d'éléments actuels pour faire une démonstration rétrospective, ce qui est à l'opposé de tous les raisonnements de la science qui, au contraire, partent de faits observés pour construire des théories à valeur prédictive, que l'expérience doit confirmer. Mais cela n'empêche pas certains philosophes et cosmologistes d'affirmer qu'il n'y a pas grand intérêt à rechercher le sens de l'univers dans le magma informe de particules qui existait à ses débuts. Le « principe anthropique » les séduit, car il propose un raisonnement inverse : il part de l'existence de l'homme pour donner un sens à l'univers, le complexe donnant sa raison d'être à l'élémentaire, au chaos. « C'est l'unité la plus achevée, l'individuation la plus forte qui donne sens, non l'inverse », dit le philosophe Jean Ladrière.

L'astronome Brandon Carter, l'un des promoteurs de ce « principe anthropique », fait remarquer l'étonnante coïncidence entre l'âge de la vie sur la Terre – près de 4 milliards d'années – et le temps qui reste à vivre à notre planète, un peu plus de 4 milliards d'années. Il s'est écoulé plus d'une dizaine de milliards d'années entre la naissance de l'univers et celle de la vie terrestre. Et près de 14 milliards d'années pour l'apparition de l'homme. Cette apparition tardive signifierait, selon Brandon Carter, que des formes de vie très évoluées ne peuvent naître qu'au bout d'un temps très long, ce qui confirme l'importance de la durée dans l'apparition de l'ordre. Cela diminue aussi les chances, pour les éventuels extra-terrestres, d'apparaître sur d'autres planètes, situées comme la Terre dans des conditions favorables à la vie. Si l'on ajoute à cela le nombre considérable d'événements hasardeux qui ont dû se produire au cours de l'évolution pour qu'elle aboutisse à l'homme, comme nous le verrons plus loin, cela rend encore plus aléatoires et merveilleuses l'apparition de la vie et la naissance de l'espèce humaine.

Que signifie le temps ? Lorsqu'on remonte près du big-bang, il n'existe plus rien de matériel qui puisse le mesurer. Que devient alors le temps ? La courbure de l'espace ou la densité de matière dans l'univers sont-elles des horloges universelles ? Le temps, on l'a vu, est né avec notre univers, il est donc l'une de ses caractéristiques essentielles. Il nous semble évident que le temps s'écoule dans un seul sens : on ne peut pas faire courir la flèche du temps à l'inverse, pas plus qu'un fleuve ne remonte jamais vers sa source. Mais cet écoulement du temps a des visages divers. Il a permis que la matière et le vivant s'organisent dans ce qui semble être un mouvement universel du désordre vers l'ordre. Mais la physique nous montre qu'au contraire la flèche du temps va généralement dans le sens du désordre. Le principe fondamental de la thermodynamique veut qu'un système isolé tend naturellement vers le désordre : une tasse de café se refroidira, à la longue, mais ne redeviendra jamais chaude, une maison deviendra, avec le temps, un tas de pierres et ne se reconstruira jamais. Les êtres vivants se désorganisent en vieillissant. C'est ce qu'on appelle l'entropie. Ce n'est pas le cas, apparemment, de l'univers qui semble rester très ordonné après 15 milliards d'années. Ce n'est pas celui, non plus, de l'évolution des êtres vivants, qui ne marque aucun désordre dans son déroulement. Ce dernier est, en tout cas, irréversible : une fois fixée, une transformation d'une espèce animale ou végétale ne reviendra jamais en arrière à son stade antérieur, pas plus que la tasse de café froide ne se réchauffera. Le temps passé est à jamais aboli. La flèche du temps est irréversible.

Mais il semble que certains éléments primordiaux de la matière échappent à cette flèche du temps. Certains parce qu'ils semblent être éternels, les grains de lumière par exemple. On cherche depuis des années à démontrer que d'autres particules essentielles de la matière, comme les protons, ces constituants primordiaux du noyau des atomes, ne sont pas éternelles – mais on n'y est pas encore parvenu. Ils auraient une durée de vie 10^{20} fois supérieure à celle de l'univers, ce qui rassure sur la stabilité future de la matière.

D'autres éléments de l'univers semblent aussi échapper à la flèche du temps. Si nous filmons la Lune tournant autour de la Terre et si nous passons ensuite le film à l'envers, elle tournera dans l'autre sens, mais sur la même trajectoire, comme si la gravitation était insensible à la direction du temps. Il en est de même pour les autres grandes forces, comme celle qui assure la cohérence des atomes, ou celle qui commande les phénomènes électriques ou magnétiques. Einstein a démontré, par ailleurs, qu'il n'existe pas de temps absolu, universel, mais seulement un temps pour chaque système de référence. Celui de la Terre n'est pas celui que pourrait mesurer l'habitant d'un autre système planétaire. On peut comprendre cette relativité du temps à notre échelle : la lumière du Soleil met huit minutes à nous parvenir, s'il s'éteignait nous ne le saurions que huit minutes après l'événement, mais un vénusien ou un martien, situés différemment de nous par rapport au Soleil, le sauraient dans des intervalles de temps différents.

Einstein montre aussi que le temps varie avec le mouvement : celui d'un observateur qui va très vite est ralenti par rapport à celui d'un observateur immobile. C'est ce qui a donné l'idée au physicien Paul Langevin du paradoxe des jumeaux de l'espace. Il imagine que l'un part en fusée, d'un mouvement uniforme, à une vitesse proche de celle de la lumière. Lorsqu'il revient sur Terre deux ans plus tard – à son horloge – il trouve son frère vieilli d'un siècle. La démonstration de cette relation du temps avec la vitesse a été faite en 1971 avec deux horloges très précises. L'une placée à bord d'un avion rapide parti faire le tour de la Terre marquait à son retour quelques milliardièmes de seconde de moins que l'autre, identique, restée immobile. Ce qui est le présent pour l'observateur immobile n'est qu'un futur qui n'existe pas encore pour celui qui se déplace. Il y a donc autant de systèmes à compter le temps qu'il y a d'objets en mouvements uniformes. Il n'existe pas d'étalon absolu de temps. Le concept de temps n'est pas universel.

Nous n'en avons pas conscience dans notre vie quotidienne car nous fonctionnons à des vitesses très éloignées de celle de la lumière. Mais si l'on place deux horloges très précises l'une au pôle Nord et l'autre à l'équateur, cette dernière, entraînée plus vite par la rotation du globe, retarde par rapport à la première. L'écoulement du temps varie aussi avec la gravité : il est légèrement plus rapide au sommet d'un immeuble qu'à sa base. Sur les étoiles très denses, il est ralenti de la moitié par rapport à la Terre. Dans les trous noirs, ces états d'une densité quasi infinie d'étoiles s'étant effondrés sur elles-mêmes, le temps est aboli, immobile.

Le temps de la vie

Le vrai temps serait-il celui de la vie, comme le pensait le philosophe Henri Bergson ? L'un des éléments les plus troublants de l'organisation du vivant est l'existence, chez tous les végétaux et tous les animaux, de systèmes chargés de compter le temps. Tous les êtres vivants fonctionnent en tenant compte du bon moment pour s'apparier, pour pondre, pour fleurir, pour s'adapter aux changements de saison. Le rythme d'activité de vingt-quatre heures et l'alternance jour-nuit, qui commande notre obligatoire sommeil, s'observent partout. Nous vivons au temps des astres, en communion avec l'univers, puisque notre rythme essentiel est basé sur la rotation de la Terre. Notre température, notre tonus musculaire, notre système de défense contre les microbes, notre vigilance intellectuelle s'atténuent la nuit pour se renforcer pendant la journée.

Mais il existe bien d'autres rythmes biologiques : on a démontré que les médicaments sont plus ou moins efficaces suivant les heures auxquelles on les administre. Il existe un rythme qui commande la fertilité, d'autres la sécrétion d'hormones, la respiration ou les battements du cœur. Un cœur animal retiré de l'organisme, irrigué par un liquide nutritif, continuera à battre, parfois pendant des jours. Certains animaux vivant sur les plages ont une existence synchronisée avec le rythme des marées. Les moules que vous avez achetées vont dégorger leur eau, dans votre cuisine, à l'heure de la marée. Des vers marins, comme les convolutas, suivront ces mêmes rythmes même s'ils sont placés en aquarium, loin de la mer. Végétaux et animaux sont sensibles aux variations de durée du jour et de la nuit, suivant les saisons, ce qui conditionne leur façon de vivre : c'est ce qui provoque aussi bien la floraison que la chute des feuilles, mais aussi le cycle de reproduction de nombreux animaux. L'approche de l'hiver et du froid commande, suivant les espèces, la migration vers des pays chauds ou la mise en sommeil pendant l'hibernation. Certaines larves de cigales s'enfouissent dans le sol, au pied des arbres où les femelles ont pondu et restent ainsi pendant treize ou dix-sept ans, avant de sortir pour se transformer en adultes. Comment savent-elles compter un temps aussi long ? Pourquoi ces chiffres de treize ou dix-sept ans ?

Les horloges animales sont très précises : l'araignée, quoi qu'il arrive, tisse sa toile de minuit à 4 heures du matin. A l'échelle de la cellule, le temps intervient pour déclencher la division, tout comme la mort des cellules ou celle des organismes. Un microbe est programmé pour vivre vingt minutes, beaucoup d'insectes quelques heures ou quelques jours, un séquoia 4 000 ans. On a trouvé la molécule qui provoque cette division cellulaire et qui fonctionne comme une horloge : elle est la même de la levure à l'homme, nouvelle preuve de l'étonnante unicité du vivant et de la réalité de l'évolution qui l'a perpétuée jusqu'à nous.

Tous les êtres vivants possèdent une ou plusieurs horloges internes, merveilleusement réglées, situées généralement dans le cerveau chez les espèces qui en possèdent un. Mais on en a découvert récemment dans une curieuse région : derrière le genou. On ignore où elle se trouve chez les végétaux. Chez l'homme, cette horloge biologique comptabilise la durée du jour et celle de la nuit, en tenant compte des différences qui interviennent suivant les saisons : elle est remise à l'heure et recalibrée par l'alternance de la veille et du sommeil. On ne connaît pas les mécanismes intimes, probablement liés à des gènes particuliers existant depuis fort longtemps, qui permettent ainsi aux êtres vivants de mesurer et de comptabiliser le temps. On commence cependant à identifier certains de ces gènes, notamment chez la mouche. Tout se passe comme s'ils possédaient un système oscillant, semblable au balancier d'une pendule. Un système qui nous paraît compliqué parce que nous n'avons pas découvert toutes ses cachettes au sein des cellules vivantes, mais qui représente probablement la réponse faite par la nature à la nécessité de s'adapter impérativement aux variations de l'environnement, comme l'alternance des saisons et celle du jour et de la nuit.

Des systèmes à compter le temps existent aussi dans le monde inerte. Une lame de cristal de quartz placée dans le vide sous un circuit électrique vibre 32 758 fois par seconde, de façon si régulière qu'on en a fait un étalon de mesure. Le phénomène sera utilisé industriellement dans les montres à quartz, à partir des années 60. La seconde, qui a été longtemps la division par 31 millions de l'année solaire, est désormais officiellement définie, de façon complètement ésotérique pour le commun des mortels, comme « la durée de 9 192 631 770 périodes de la radiation correspondant à la transition entre deux niveaux hyperfins (de plus basse énergie) de l'état fondamental de l'atome de césium ». Cela a permis de construire des horloges si précises qu'elles ne font une erreur d'une seconde que tous les trois millions d'années.

Le temps est donc une donnée commune au monde inerte et au monde vivant. Nous allons le voir, l'apparition de la vie et son développement n'ont pu se faire qu'en tenant compte de la durée et ils posent les mêmes interrogations que celles concernant l'univers. S'agit-il aussi d'une suite de hasards, ou d'une série inéluctable, nécessaire, de combinaisons de plus en plus complexes d'éléments inertes, qui seraient apparues par une sorte de nécessité interne et auraient joué dans une très longue addition d'essais et d'erreurs ?

VI

L'APPARITION DE LA VIE

> *La vie est apparue sur la Terre il y a 3,5 milliards d'années. Est-elle une simple complexification naturelle d'éléments inertes, une auto-organisation ? La première cellule vivante, dont tout est parti, est-elle née du hasard ou de la nécessité ? Le mystère reste entier sur ce phénomène essentiel.*

Durant ce grand mouvement du temps, commencé il y a environ 15 milliards d'années avec la naissance de l'univers, et qui a culminé avec l'apparition de la vie, se sont passés bien des événements, qui nous paraissent s'être déroulés dans le cadre d'une organisation de plus en plus complexe de la matière inerte, laquelle a fait finalement apparaître des systèmes planétaires autour d'étoiles – dont le nôtre, autour du Soleil, il y a environ 4,5 milliards d'années. Et c'est là, sur la Terre, que ce mouvement de complexification a pris une dimension nouvelle, avec l'apparition de la matière vivante, laquelle reste un profond mystère, et dont nous ignorons toujours si elle a pu naître aussi ailleurs, sur d'autres planètes situées à distance convenable autour d'autres étoiles.

La vie est née sur la Terre il y a environ 3,5 milliards d'années : c'est du moins à cette date que remontent ses premières traces fossiles, retrouvées dans les roches les plus anciennes que l'on connaisse. Elle est donc apparue relativement vite après la naissance du globe, en fait dès qu'il fut suffisamment refroidi. Comme si le phénomène était devenu inéluctable lorsque se sont trouvées réunis certaines conditions de température, de pression, de radiations et les éléments chimiques propices. Comme si la vie n'était pas un phénomène surprenant, mais une sorte de nécessité chimique, à partir du moment où existent conjointement certains composés à base de carbone, de l'énergie et de l'eau. Comme si la vie n'était rien d'autre qu'un état excité de la matière – tout comme cette dernière, on l'a vu, serait un état excité du vide. Cela signifierait qu'il n'existe pas de frontière entre l'inerte et le vivant, qui procèdent de la même chimie et de la même physique. La vie ne serait que le processus normal d'une auto-organisation de la matière, de sa complexification sans cesse plus poussée, orientée naturellement vers davantage d'ordre. Ce qui voudrait dire aussi que la vie est universelle – tout comme la matière l'est – et qu'il existe donc beaucoup de chances qu'elle soit apparue de la même façon sur d'autres planètes placées dans des conditions similaires, comme le croient d'ailleurs beaucoup d'astronomes.

Ces conditions sont cependant très précises, font remarquer les biologistes, ce qui relativise considérablement le caractère quasi automatique que certains attribuent à l'apparition de la vie sur d'autres planètes. Il faut, bien entendu, qu'existe à proximité une étoile, comme notre Soleil, susceptible de fournir de l'énergie, mais faut-il encore qu'elle soit située à une distance convenable : trop éloignée, elle ne réchaufferait pas la planète, trop près elle la brûlerait. Mais cela ne suffit pas. L'astronome et mathématicien français Jacques Laskar montre qu'il faut aussi un satellite qui, comme la Lune pour la Terre, stabilise la planète. Sans la Lune, l'axe de rotation de la Terre pourrait basculer de temps à autres, du fait de l'attraction des autres planètes, et cela modifierait le climat dans des conditions incompatibles avec la vie. Or l'existence d'une Lune près d'une planète est un événement rare, très improbable, parfois même catastrophique.

Il faut encore, pour que la vie y apparaisse, que cette planète possède une activité interne qui lui fournisse le volcanisme produisant du gaz carbonique, et qu'elle soit d'une taille suffisante pour que la gravité permette que son atmosphère ne s'évapore pas et que les êtres vivants puissent s'y développer. Il faut aussi qu'il y existe de l'eau sous forme liquide. Il est cependant probable que la vie a pu apparaître ailleurs que sur la Terre, car il est tout à fait remarquable que la chimie du carbone, sur laquelle est fondée la vie terrestre – et qui serait due, on l'a vu, à un remarquable hasard –, se retrouve un peu partout dans le cosmos, notamment entre les étoiles. Les astronomes détectent dans les nuages interstellaires des gaz contenant des composés à base de carbone, parfois complexes, qui forment les précurseurs des molécules organiques, comme l'alcool, l'éther, l'acide cyanhydrique. On retrouve aussi de tels composés carbonés sur les météorites, ces pierres qui tombent du ciel, sur les comètes ou sur des satellites d'autres planètes. Comme sur Titan, qui tourne autour de Saturne, et où semblent exister les conditions qui auraient pu être celles de la Terre juste avant que la vie y apparaisse, sauf qu'il ne paraît pas y avoir de l'eau et qu'il y règne un très grand froid. D'où l'intérêt d'envoyer des sondes susceptibles d'explorer ce laboratoire naturel où l'on devrait pouvoir étudier les conditions d'une chimie préparatoire à la vie, restée au réfrigérateur depuis des milliards d'années.

Cette universalité des composés carbonés explique qu'ils ont pu parfaitement exister sur la Terre primitive. Il a pu se créer des molécules de plus en plus complexes, à partir de ces éléments primordiaux, molécules dont on démontre qu'elles possèdent un fort potentiel d'évolution. L'acide cyanhydrique peut ainsi se transformer facilement en acides aminés, ces briques essentielles du vivant, et produire un élément important de l'acide nucléique lorsqu'on le met en présence d'ammoniac. Des éléments de base des êtres vivants peuvent donc être produits à partir des composés qui existent probablement un peu partout dans l'univers. Des expériences ont d'ailleurs permis de les fabriquer dans un ballon rempli des gaz qu'on suppose avoir été présents sur la Terre, il y a 4 milliards d'années, où l'on a envoyé les décharges électriques et les éclairages violents qui se manifestaient également à cette époque. On a vu apparaître dans le ballon de verre certains composés organiques essentiels des êtres vivants, notamment des acides aminés, éléments des protéines.

Par quoi tout a commencé ?

C'est peut-être ainsi qu'a pu naître ce qu'on a appelé la « soupe originelle », ce mélange désordonné de molécules pré-organiques, au sein duquel se seraient produites les très nombreuses réactions qui auraient pu conduire, au bout de millions d'années, après d'innombrables essais et erreurs, à la concentration de certaines de ces molécules, à leur stabilisation, puis à leur agencement en chaînes et enfin à la naissance des premiers êtres vivants. Car il suffit d'un petit nombre de briques élémentaires pour fabriquer des structures vivantes, comme le fait remarquer le chimiste Martin Olomucki : 20 acides aminés, 5 nucléobases, 2 sucres, du glycérol, un alcool, un acide gras – soit une petite trentaine de biomolécules fondamentales. De même que nous savons tout dire avec un alphabet de 26 lettres, à son tout départ la vie n'a peut être pas réclamé pour ses premiers balbutiements beaucoup d'éléments, ni une organisation très compliquée. Un nombre relativement restreint de molécules chimiques carbonées ont pu se transformer spontanément en structures plus complexes, formées de quelques dizaines d'atomes, qui auraient ensuite interagi, en des millions d'années, pour créer des molécules plus grosses et plus élaborées.

Cela aurait finalement conduit à l'apparition des protéines et des acides nucléiques, les deux éléments essentiels de tout être vivant – celui qui commande la vie de ses cellules et assure le fonctionnement de son organisme, et celui qui porte l'information génétique et permet sa reproduction à l'identique. Par quoi tout a commencé ? Sans acide nucléique, la protéine n'a pas de sens, elle ne saurait que faire, et sans la protéine, l'acide nucléique n'a pas de moyen d'action. Pourquoi et comment ces éléments de matière organique ont-ils acquis ces propriétés exceptionnelles qui vont créer l'ordre, la faculté de se reproduire et l'organisation complexe qui caractérisent le vivant ? Lequel est apparu le premier ? C'est le problème de l'œuf et de la poule. Certains biologistes tentent de résoudre cette énigme en proposant que les premières molécules organiques complexes possédaient à la fois les caractères des protéines et des acides nucléiques : l'œuf serait aussi la poule. On peut aussi imaginer que les premiers acides nucléiques n'étaient pas ceux que nous connaissons aujourd'hui, ils pourraient avoir été plus simples. Mais, ce qui est important, leur apparition marque de façon décisive la fin des essais vers la vie : l'acide nucléique traduit l'aboutissement de l'aléatoire et fixe la réussite de la pérennité du vivant, avec un système à la fois simple et remarquablement efficace. Chaque être va pouvoir désormais se reproduire semblable à lui-même.

Les protéines et les acides nucléiques se seraient ensuite réunis en des cellules rudimentaires, fermées par une membrane, mais disposant cependant de relations avec le milieu extérieur, cellules dans lesquelles serait enfin née une organisation capable de se maintenir et d'échanger de l'information. Car l'échange est l'une des caractéristiques essentielles du vivant, c'est ce qui va assurer l'ordre, en évitant la nécessaire désorganisation de tout système livré à lui-même. La vie semble un paradoxe dans la mesure où les lois de la physique veulent qu'un système fermé ne peut que se désorganiser au fil du temps, que le désordre remplace inévitablement l'ordre, et cela d'autant plus sûrement et plus rapidement que le système est plus complexe. Or ce n'est pas le cas pour les systèmes vivants, qui sont, au contraire, créateurs d'ordre : d'une cellule unique naîtra un être hautement organisé, les individus d'une même espèce sont tous semblables les uns aux autres, l'évolution végétale et animale s'est poursuivie jusqu'à nous avec une grande efficacité. Cela vient très probablement que les premiers êtres vivants n'étaient pas des systèmes fermés : ils ont très vite organisé des échanges avec l'extérieur. A partir du moment où ces échanges existent, il se crée un équilibre qui empêche la désorganisation. L'être vivant est un système ouvert, il n'existe que grâce aux relations qu'il entretient avec le monde extérieur. Il absorbe de la nourriture qui lui fournit l'énergie nécessaire à sa survie, rejette des déchets ; il est tributaire des informations qu'il reçoit en permanence sur ce qui existe autour de lui, et qui commandent parfois son action.

Ces cellules auraient finalement donné naissance aux premiers êtres capables de se reproduire semblables à eux-mêmes. Pourquoi ? Comment ? Cela reste, pour l'instant, un grand mystère. Il est possible que ces passages essentiels de l'inerte au prébiotique, puis au vivant, se soient faits selon une évolution semblable, dans son principe d'essais et d'erreurs, à celle qui se déroulera ensuite chez les animaux et les végétaux. Une évolution que l'on peut aussi comparer à celle qui s'est produite dans la matière inerte, qui, elle aussi a évolué par auto-organisation, de façon tout autant mystérieuse. On ne sait pas encore expliquer ni la nature, ni la raison de cette évolution, ni pourquoi elle est allée dans le sens de la complication, comment elle a conduit à des êtres de mieux en mieux organisés, c'est-à-dire à des systèmes à la fois plus ordonnés et plus efficaces.

Hasard ou nécessité ?

Nous ne savons donc pas expliquer ni pourquoi, ni comment des fragments de matière inerte ont pu trouver en eux-mêmes cette nécessité de s'organiser et de se complexifier – même si cela s'est passé au cours d'une très longue période – au point de donner finalement naissance à ce que nous appelons un être vivant, dont le plus rudimentaire est un chef-d'œuvre d'organisation. Alors que nous avons beaucoup de mal à construire des machines artificielles et que les plus complexes se détériorent très vite si on ne les entretient pas avec soin. Le hasard est-il seul intervenu ? Par définition, il aurait pu créer aussi bien du désordre que l'organisation et la complexité du vivant. Les premières transformations importantes des premiers êtres vivants se sont peut-être produites au hasard, mais on peut aussi considérer qu'elles sont le résultat d'une nécessité de plus en plus inéluctable, à mesure que s'écoulent les millénaires et que le milieu se modifie. De même qu'il existe une force inconnue qui pousse les atomes à s'assembler en molécules, une force, tout autant inconnue, pousserait certaines molécules inertes à se réunir pour former une matière vivante complexe. Mais quelle est cette force ?

Si l'on refuse une intervention finaliste – nos ancêtres évoquaient le divin – peut-on malgré tout expliquer ce mouvement de la nature vers le vivant ? Des physiciens et des chimistes avancent l'hypothèse d'une nécessité inscrite dans certains caractères de la matière. L'existence de structures inertes bien particulières impliquerait automatiquement l'apparition d'un ordre, capable de se perpétuer et de s'auto-organiser. Certains éléments chimiques évolueraient inéluctablement, dans certaines conditions, vers une plus grande complexité. D'autres spécialistes assurent que des fluctuations locales du milieu inerte peuvent modifier des éléments dans le sens de l'ordre. C'est ce que le chimiste Ilia Prigogine, prix Nobel, appelle les « structures dissipatives ». Il explique que la vie a pu naître par une succession d'instabilités liées à des phénomènes chimiques et physiques relativement simples. On parle de « hasard organisationnel », d' « auto-organisation complexifiante », ou d' « ordre par fluctuations ». Mais les exemples donnés de la réalité de ces derniers phénomènes sont isolés, très particuliers et, en fin de compte, cela reste hautement spéculatif, davantage du domaine de la rhétorique que de celui de la démonstration scientifique, cela n'a en tout cas pas réellement valeur d'exemple pour un phénomène aussi majestueux que l'apparition de la vie.

Les scénarios sur l'origine de la vie sont, en fait, aussi nombreux que les chercheurs qui travaillent dans ce domaine, et aucun n'emporte l'adhésion, car aucun ne peut être reproduit expérimentalement. Pour certains, les premières molécules biologiques seraient venues de l'espace et auraient ensemencé la Terre à l'occasion de chocs de météorites ou de comètes. Pourquoi pas ? D'autres chercheurs font remarquer que les premières molécules réellement biologiques, par exemple les composants des acides nucléiques, sont trop complexes pour avoir pu apparaître spontanément. Ils imaginent donc des hypothèses différentes, suivant lesquelles une sorte de « vie minérale » aurait précédé la vie organique. Elle aurait pu apparaître sous la forme de cristaux ou d'autres composés minéraux, comme des pyrites, ou dans des argiles, dont l'architecture se rapproche de celle des grosses molécules biologiques, lesquelles se seraient ensuite émancipées de leur support minéral pour prendre leur élan autonome. D'autres biologistes pensent que la vie a pu apparaître au fond des océans et que les étranges bactéries que l'on observe actuellement dans les fumerolles qui sortent à plus de 100° des profondeurs de la planète, dans les fissures situées à 2 000 m sous les mers, sont les vestiges de ce qu'on appelle des « archéobactéries » : elles seraient les ancêtres de tous les êtres vivants.

Il est difficile de se prononcer sur ces hypothèses, dans la mesure où la naissance de la vie échappe à l'expérimentation comme à l'observation : si des éléments comparables à ceux qui existaient au début de la vie apparaissaient soudain, ils seraient immanquablement détruits aujourd'hui par tout ce qui existerait autour d'eux. Il se pourrait, cependant, que l'on puisse bientôt fabriquer artificiellement ces briques essentielles de la matière vivante que sont les protéines, ces chaînes complexes d'acides aminés qui commandent la structure et les fonctions de toutes les cellules vivantes, et par lesquelles passent les instructions génétiques. Elles ont peut-être été les premiers éléments réellement biologiques apparus, leur synthèse pourrait donc fournir des lumières sur l'origine de la vie. Les recherches sur les gènes et les techniques permettant de remonter très loin dans le passé en recherchant les gènes les plus anciens communs à tous les organismes vivants aideront peut-être aussi à résoudre le problème.

De l'inerte au vivant : existe-t-il une rupture ?

Suivant le schéma le plus généralement admis, même s'il est incomplet et sans démonstration expérimentale, la naissance de la vie pourrait donc n'être rien d'autre qu'une auto-organisation de plus en plus perfectionnée d'éléments inertes. Mais rien d'autre est une singulière façon de parler d'un phénomène qui s'est sans doute étendu sur des millions d'années et qui est d'une complexité très grande. Il est probable que ce passage de l'inerte au vivant a été tenté d'innombrables fois, sur d'innombrables molécules, avant de réussir. Ce schéma restera toujours spéculatif, dans la mesure où personne ne sait comment le reproduire expérimentalement. Mais ce qui est essentiel, c'est que, comme le dit le biologiste François Jacob, « le pouvoir de s'assembler, de produire des structures de complexité croissante, de se reproduire même, appartient aux éléments qui composent la matière ».

Il n'existerait donc pas de réelle frontière entre l'inerte et le vivant. D'ailleurs, des éléments parfaitement inertes peuvent posséder ce qu'on pense généralement être les caractéristiques essentielles du vivant, c'est-à-dire la faculté de s'organiser et celle de se reproduire à l'identique. Certains minéraux, qu'on appelle les montmorillonites, peuvent spontanément se répliquer, et les virus, qui ne sont pas considérés comme des êtres vivants, ont un métabolisme. Tous les organismes fonctionnent selon des réactions chimiques et physiques qui sont les mêmes que celles qui existent dans la matière inerte. Les matériaux des deux mondes sont fondamentalement les mêmes. Le chimiste se trouve à l'aise dans l'un comme dans l'autre, même si le vivant dépasse en efficacité ce qu'il peut réussir dans son laboratoire. Il en est de même du physicien, qui retrouve les mêmes forces en jeu.

Tout se passe comme si la nature avait toujours travaillé dans le même sens, allant du plus simple au plus compliqué, mais se servant pour aller de l'avant des mêmes éléments, les combinant d'une façon de plus en plus subtile, mais toujours raisonnable : les résultats, à un niveau donné, ne sont toujours qu'une partie de ce qui était possible. Des enthousiastes de l'intelligence artificielle travaillent actuellement à imiter ce processus, en plaçant sur leurs ordinateurs des éléments qui se combinent automatiquement entre eux de façon telle qu'ils créent ainsi des éléments plus compliqués – cela dans l'espoir que cette technique pourrait, si l'on accélère artificiellement le processus, aboutir à la création de « choses » ressemblant un peu à des êtres vivants.

Mais on peut douter que de telles acrobaties aient des chances de réussir. Car le vivant est décidément difficile à définir. Il nous échappe sans cesse lorsqu'on veut le décrire dans son essence même. Nous ne savons pas faire autrement, pour cela, que d'examiner en détail chacun des constituants d'un organisme, dans l'espoir de comprendre l'ensemble. Mais la vie est autre chose qu'une réunion d'éléments. Un être vivant n'est pas qu'un savant assemblage de cellules, de tissus et d'organes. C'est d'abord une organisation compliquée. « Telle est la complexité d'un organisme, même le plus simple, dit François Jacob, qu'il n'aurait vraisemblablement jamais pu se former, se reproduire, évoluer, si l'ensemble avait dû s'agencer pièce par pièce, molécule par molécule, comme une mosaïque. » Un organisme est, en effet, d'abord un système, une construction, une architecture – et chaque étape dans la naissance des êtres vivants a dû s'effectuer par la réunion d'un plus grand nombre d'ensembles, davantage élaborés, qui ont échangé un plus grand nombre d'informations, et par l'installation de programmes sans cesse plus importants. Ce qui rend si difficile d'imaginer et de reconstituer l'origine et les débuts de la vie, c'est de concevoir comment a pu se faire cette nécessaire intégration en un ensemble à la fois complexe, harmonieux, stable et pourtant souple – en un système à la fois capable de croître, de vivre en harmonie dans un milieu susceptible de se modifier, et capable aussi de se reproduire semblable à lui-même. Encore une fois, il ne faut jamais oublier que cela a dû prendre des millions, voire des dizaines de millions d'années.

Si le vivant est peut-être né de l'inerte, il faut aussi ne jamais oublier que la complexité du vivant est supérieure à celle de toutes les structures matérielles. Elle est de ce fait d'une nature différente de celle de l'inerte. Il existe, par exemple, une différence essentielle entre la complexité de la machine la plus raffinée produite par l'homme et celle du plus simple des êtres vivants. La machine peut être perfectionnée au point d'accomplir des prodiges, mais il suffit d'un grain de sable placé dans son mécanisme, du défaut d'un de ses composants pour qu'elle cesse de fonctionner. L'être vivant, au contraire, continuera à assumer toutes ses fonctions essentielles malgré les dysfonctionnements d'une partie de son système, ou les pannes provisoires. Il est plus complexe, mais surtout plus efficace que la plus complexe et la plus efficace des machines, dans la mesure où il supporte les atteintes à l'intégrité de ses structures, la perte d'un membre ou d'un organe, par exemple, et qu'il possède les moyens de se réparer – l'os brisé se reconstruit, les chairs blessées repoussent, l'acide nucléique lésé se régénère. L'être vivant contient davantage d'éléments qu'il n'en faudrait pour qu'il fonctionne. Le surplus sert probablement à répondre à cette nécessité essentielle de combattre les défauts et les pannes, inévitables si l'on tient compte du fait que la matière vivante est faite d'éléments plus fragiles que l'acier de nos machines.

Ce qui est tout à fait remarquable dans l'apparition de la vie, c'est que le processus de complexification croissante qui l'a suscitée fait apparaître, à chaque niveau d'organisation, des choses nouvelles – la vie elle-même en étant une. La complexité peut donc faire naître des structures possédant des caractéristiques tout à fait originales par rapport à celles qui précédaient, et peut créer des propriétés qui n'ont rien à voir avec celles des composants des systèmes antérieurs. Comme les acides nucléiques ou les protéines du vivant, qui ne ressemblent à aucun système inerte. La phase réellement créatrice, au niveau essentiel, dans l'histoire de la vie, se situe donc à son tout début, au moment où sont apparues les premières cellules enfermant protéines et acides nucléiques. Ensuite, on peut considérer que l'évolution du vivant a consisté essentiellement à créer des combinaisons nouvelles, des constructions, certes de plus en plus complexes, mais à partir des mêmes éléments de base. Avec les lettres de l'alphabet, on peut écrire une phrase banale, mais aussi les *Pensées* de Pascal ou les tragédies de Shakespeare. Même l'élément qui nous paraît le plus représentatif d'une tendance de l'évolution vers le progrès, le système nerveux, qui culmine avec le cerveau de l'homme, n'est pas une invention subite, on en trouve l'ébauche rudimentaire dans la sensibilité des microbes les plus élémentaires et ses composants sont les mêmes dans toutes les espèces. Dans son grand mouvement, et malgré sa prodigalité, la nature a gardé un sens de l'unité.

VII

LA PRODIGALITÉ DU VIVANT

> *L'un des caractères essentiels de la vie est son intense foisonnement. Elle manifeste aussi une redondance étonnante et une grande diversité, autant des éléments essentiels de tous les êtres vivants que des moyens qu'ils utilisent pour se reproduire et se diversifier.*

Les premiers êtres vivants devaient ressembler à peu près, sous une forme sans doute plus rudimentaire, aux bactéries que nous connaissons aujourd'hui. Ils possédaient déjà une très grande complexité, tout en étant probablement plus simples que le plus élémentaire microbe actuel. Nous sommes encore incapables de décrire dans le détail tout ce qui se passe dans un microbe, où se produisent des dizaines de milliers de réactions chimiques, quasi instantanément, entre des dizaines de milliers de systèmes moléculaires différents et organisés. Où se font nécessairement des milliards d'échanges d'information rapides et complexes, encore de nature chimique, avec le monde extérieur.

Tout cela est organisé dans le cadre d'un système qui coordonne ces réactions et ces relations, qui commande la vie de la bactérie dans ce qui semble son but unique, son ultime ambition : se développer pour se diviser ensuite le plus rapidement et le plus efficacement possible. Et cela d'une façon parfaitement fixée, rigoureusement identique d'un microbe à l'autre, depuis plus de 2 milliards d'années. Sauf, bien entendu, quand se produit, au hasard, au moment de la division des chromosomes, lors de la reproduction, cette erreur de transcription du message génétique qu'on appelle une mutation, laquelle modifie ensuite inexorablement tous les êtres issus de celui qui a subi cette mutation. Un chiffre donne une idée de la complication de ce processus et des grands nombres en jeu : une bactérie résulte des informations d'environ 10 à 20 millions de signes. Par comparaison, un homme provient d'informations génétiques correspondant à des milliards de signes. L'extension du programme héréditaire a été continu de la bactérie à l'homme, et c'est là une bonne traduction de la complexité croissante qui marque apparemment l'évolution des êtres vivants.

Première révolution : l'apparition du noyau

Les premiers êtres rudimentaires ont dû, très vite, expérimenter diverses façons de se reproduire semblables à eux-mêmes, créant probablement d'abord des procédés moins compliqués que celui basé sur les acides nucléiques, procédés qui ont disparu sans laisser de trace. Ils ont vécu ainsi pendant près de 2 milliards d'années, suivant une évolution biologique qui a sans doute pris naturellement la suite de l'évolution chimique et physique. Puis ils ont subi leur première grande transformation, pour passer de l'état de cellules sans noyau, à ce qu'on appelle des eucaryotes, dont le matériel génétique est enfermé dans un noyau, et donc protégé efficacement. Pourquoi ? Comment ? On l'ignore. Il se peut que ces êtres faits d'une seule cellule aient évolué, après 2 milliards d'années, en fonction des variations de leur environnement, ce qui expliquerait les extraordinaires possibilités qu'ont les bactéries actuelles de survivre dans tous les milieux, même les plus hostiles en apparence. Il s'agit là, en tout cas, d'une révolution considérable, car si elle n'avait pas eu lieu, la Terre serait encore uniquement peuplée d'algues bleues minuscules, comme c'est peut-être le cas sur d'autres planètes. L'apparition du noyau va permettre que l'évolution crée d'autres êtres mieux organisés, car cela va autoriser l'augmentation de la taille, l'invention de la sexualité et celle du système nerveux. On ignore la raison de cette complexification essentielle, qui lancera réellement l'évolution. Elle s'est produite, pense-t-on, il y a environ 1,5 milliard d'années : rien, dans l'état de nos connaissances, ne permet de dire comment ce phénomène s'est produit. Il s'est peut-être fait de façon fortuite, dans le cadre d'un des premiers bricolages de l'évolution qui en connaîtra bien d'autres.

Comment étaient ces premiers microbes dotés d'un noyau ? On ne le saura jamais, car les fossiles retrouvés ne correspondent vraisemblablement pas à leurs toutes premières formes. Il est possible qu'ils ne ressemblaient pas à ceux qui existent aujourd'hui. Les biologistes affirment qu'il reste en nous des traces de ces très anciennes bactéries, sous la forme d'éléments essentiels, les mitochondries, les centrales productrices d'énergie de nos cellules, qui ressemblent beaucoup à des bactéries et qui sont comparables aussi aux chloroplastes qui permettent l'utilisation de l'énergie du soleil chez les végétaux.

L'apparition de ces bactéries à noyau représente la première grande révolution de l'histoire de la vie. Elles marquent une différence essentielle, car elles vont devenir capables de se reproduire sexuellement, acquérant ainsi la possibilité d'une évolution infiniment plus efficace que celle qui résulte de la simple division d'une cellule. Les nouvelles bactéries, outre l'existence du noyau, possèdent une autre caractéristique importante : leur acide nucléique, support universel de l'hérédité, est beaucoup plus abondant. Sans que cette abondance corresponde apparemment, comme on peut le voir chez les microbes actuels, à des nécessités fonctionnelles de leur organisme. A quoi peut donc servir cet acide nucléique en surnombre, comprenant beaucoup d'éléments qui ne sont pas liés à des commandes vitales ? La nature n'a certainement pas multiplié sans raison ces éléments génétiques, qui réclament beaucoup d'énergie pour être fabriqués : elle est prodigue, mais raisonnable. Cette redondance pourrait paraître comme du « bruit » pour le spécialiste en techniques de l'information, mais ce n'est pas là un élément de désordre, c'est au contraire un moyen de créer de l'ordre. Ces particules génétiques surnuméraires ont sans doute accru les possibilités qu'avaient les premiers organismes vivants de mieux répondre, par un jeu plus diversifié de mutations, aux modifications de l'environnement. Ici encore, l'intervention d'un grand nombre d'actions et de réactions, au cours d'une très longue période, permet au hasard de créer de l'ordre.

Mille milliards de spermatozoïdes

Cette redondance existe toujours. Chez l'homme, on estime que 80 % de l'acide nucléique sont faits d'éléments qui ne commandent apparemment aucune fonction, dont on se demande donc à quoi ils peuvent servir. On appelle parfois ADN « poubelle » cette partie du patrimoine génétique qui est fait, selon le biologiste Bernard Godelle, d'un « ramassis de ratages, de réplications, de vieilles séquences répétées, percluses de mutations ». Une partie est sans doute faite, en effet, des reliques d'anciens gènes actifs disparus au cours de l'évolution. Mais cet acide nucléique en surnombre joue peut-être aussi un rôle important que nous n'avons pas encore compris : certains biologistes pensent qu'il a pu servir à faire des « brouillons », des essais de combinaisons nouvelles de protéines, sans empêcher pour autant le fonctionnement normal de l'organisme, comme dans une sorte de laboratoire permanent au service de l'évolution.

Par ailleurs, l'information transmise par ces gènes, pour assurer le fonctionnement de l'être vivant, est surabondante, elle aussi : il faudrait un million de pages écrites en caractères minuscules pour transcrire l'information contenue dans la séquence d'acide nucléique d'une cellule humaine. Si on plaçait cette chaîne d'acide nucléique sur un ruban, il ferait 2 m de long. Cette information est redondante, répétitive, d'une façon surprenante. Certains biologistes vont jusqu'à parler de bégaiement. Des éléments sont répétés des milliers, parfois des millions de fois dans les cellules. On pense généralement que cela faciliterait les possibilités de modification du programme génétique de l'espèce, lorsqu'elle doit s'adapter à un nouvel environnement. C'est peut-être aussi une garantie pour assurer, quoi qu'il arrive, la bonne transmission des informations : l'expérience quotidienne nous prouve que, pour être sûr d'être bien entendu, il vaut mieux répéter.

N'y aurait-il pas dans cette prodigalité de la nature une explication générale de la réussite de bien des processus essentiels ? La multiplication des êtres vivants, par exemple, est assurée par des moyens parfois fantastiquement redondants. Pour assurer la survie d'une plante, des millions de graines sont souvent lâchées dans l'air ou sur le sol. Les esturgeons abandonnent derrière eux 3 millions d'œufs dans l'eau, dont quelques-uns seulement donneront naissance à de nouveaux poissons. L'ascaris, un ver dont une espèce parasite notre intestin, pond 60 millions d'œufs par an, une reine d'abeilles 2 millions. Nous-mêmes fabriquons des millions de spermatozoïdes pour qu'un seul assure notre descendance en fertilisant l'ovule féminin : un centimètre cube de sperme en contient 100 millions, et un homme en produit 1 000 milliards au cours de son existence. Une femme possède dans ses ovaires entre 5 et 10 millions d'ovocytes, dont quelques centaines seulement seront ovulés pendant sa vie. Chaque animal possède la possibilité de produire une variété quasi infinie d'individus différents les uns des autres. On calcule qu'un couple de souris peut théoriquement engendrer un nombre de descendants qui s'écrirait avec des milliards de milliards de milliards de chiffres. Un homme peut produire 10^{210} combinaisons différentes dans sa descendance, chiffre fantastique – un suivi de 210 zéros. La probabilité de rencontrer deux individus parfaitement identiques dans tout le monde vivant est donc nulle, si l'on excepte les vrais jumeaux.

Un autre exemple de redondance efficace est fourni par le système immunologique, celui qui fait que l'organisme attaque immédiatement tout corps étranger qui tente de s'y introduire. Ce système est très gênant lorsqu'on veut greffer un élément venu d'un autre être humain. Mais il est précieux pour nous protéger contre l'attaque de microbes. On s'est aperçu que les cellules tueuses qui s'attaquent aux substances étrangères, et qu'on appelle des anticorps, sont efficaces non seulement contre tous les microbes connus, mais aussi contre toutes les molécules chimiques étrangères – y compris celles qui n'existent pas dans la nature, qui sont, par exemple, fabriquées de façon synthétique dans l'industrie. On comprend que ce système de défense soit efficace contre un ennemi qu'il a déjà rencontré, c'est le principe des vaccinations. Mais comment peut-il agir contre des substances qu'il ne connaît pas ? Tout se passe comme si un petit nombre de gènes était capable de commander, par un processus compliqué mais redoutablement efficace, la production de milliards d'anticorps, susceptibles de répondre à toutes les agressions, même celles provenant d'ennemis inconnus. Une fantastique redondance, mais essentielle pour la survie.

La nature est donc prodigue, mais en même temps très organisée. Autre exemple : les enzymes, ces protéines responsable de la quasi-totalité des processus biologiques, et que l'on trouve dans le corps de tous les êtres vivants, sont constitués d'acides aminés, ces briques essentielles de tout ce qui vit. Il existe plusieurs centaines, peut-être plusieurs milliers d'acides aminés, mais 20 seulement, toujours les mêmes, sont utilisés. Pourquoi ? Il est inimaginable que la nature ait exploré, par un système d'essais et d'erreurs, toutes les possibilités fournies par ces centaines ou ces milliers d'acides aminés, pour en choisir finalement 20 : il faudrait pour cela un temps qui excède plusieurs millions de fois la durée de l'univers. Comment s'est donc fait le choix ? On l'ignore, mais c'est là encore une preuve que la nature est prudente, même si elle est prodigue.

Cinq millions d'espèces animales

La redondance de la nature se traduit aussi par le nombre extravagant des espèces existantes. On compte actuellement environ 5 millions d'espèces animales sur la planète et on en découvre de nouvelles tous les jours. Ces espèces ont été extraordinairement diverses, comme en témoignent les fossiles retrouvés qui sont pourtant bien loin de traduire toute la réalité du passé : on estime que 500 millions d'espèces ont disparu au cours de l'évolution. La nature a exploré toutes les solutions, même les plus extravagantes, elle a réalisé tout ce qu'il était possible de faire. Pour ne prendre qu'un exemple, on a recensé un million d'espèces d'insectes, et il s'en trouve probablement autant que nous n'avons pas encore étudiées. Pourquoi une telle variété, alors que chaque insecte est un être très actif sexuellement et très résistant ? On peut tuer 99 % des individus d'un groupe, les derniers survivants pondront assez d'œufs pour reconstituer la colonie, les agriculteurs le constatent souvent. Le pouvoir de multiplication des insectes n'est comparable qu'à celui des bactéries. L'homme a réussi à exterminer nombre d'animaux, il est douteux qu'il soit parvenu à détruire une seule espèce d'insectes. Ils sont dotés d'une remarquable stabilité génétique et, en même temps, d'une grande possibilité d'adaptation : ils arrivent ainsi à résister aux insecticides les plus puissants. Ils résistent à tout, en fait, depuis plus de 300 millions d'années et ils peuplent tous les continents. Certains y voient nos successeurs dans la suprématie sur le monde vivant, lorsque nous aurons disparu. Mais d'autres biologistes considèrent que chaque espèce d'insecte est un cul-de-sac de l'évolution. Ils formeraient donc, dans leur ensemble, comme un laboratoire permanent de cette évolution.

Les insectes nous paraissent le plus souvent gênants, ce qui nous pousse à oublier qu'ils jouent un rôle essentiel dans de nombreux maillons de la chaîne biologique et notamment dans la transformation des déchets. Ils font ainsi disparaître la bouse des vaches en la réintégrant au sol sous la forme de matière fertilisante. L'Australie a vécu le problème de façon très précise : les 5 vaches et 7 taureaux importés en 1788 par les premiers colons anglais avaient donné, deux siècles plus tard, 30 millions de bovins, qui produisaient des millions de tonnes de bouses chaque jour. Ces bouses empoisonnaient le sol, et stérilisaient chaque année 1 million d'hectares, car les insectes locaux ne s'intéressaient qu'aux déjections des kangourous. Il fallut donc importer massivement des insectes capables de s'attaquer à celles des bovins, ce qui a résolu le problème.

Si les insectes pollinisateurs, comme les abeilles, n'existaient pas, les hommes auraient les plus grandes difficultés à faire fructifier de nombreux végétaux. Les pommiers, par exemple, les poiriers, les cerisiers réclament impérativement le secours des abeilles, qui visitent une quinzaine de fleurs à la minute et assurent ainsi la fécondation en transportant le pollen qui s'accroche à leurs poils. Il n'est pas impossible que les insectes aient permis aux premiers hommes de lutter contre la famine : la valeur alimentaire des sauterelles est bien supérieure à celle de la viande de bœuf. Dans bien des régions, les insectes forment une sorte de gourmandise : les Indiens se régalent de termites, tout comme nombre d'Africains. La Bible raconte les festins de sauterelles de Jean-Baptiste ou de Jean l'Évangéliste. On mange en Asie des fourmis ou des abeilles, des larves de ver à soie en Chine. On raconte que Catulle Mendès raffolait des hannetons. Un entomologiste raconte avec des larmes dans la voix ses repas de reines de termites frites au beurre, dont le goût rappellerait celui du homard. Une revue américaine publie régulièrement des recettes à base d'insectes. En Thaïlande, on relève la saveur du thé en y plaçant des excréments d'un phasme géant qu'élèvent les Chinois de la région en le nourrissant de feuilles de goyavier, dont les huiles essentielles parfument les rejets de l'insecte. Si l'on y réfléchit, il est peut-être plus sain de se nourrir d'insectes, qui ne mangent souvent que du suc de fleurs ou des feuilles, que de se régaler de crabes ou d'écrevisses, qui vivent de cadavres en décomposition.

Pour répondre à la question du très grand nombre d'espèces ayant vécu sur la Terre, il suffit probablement de constater l'infinie diversité de ce qu'on appelle les niches écologiques, c'est-à-dire les milieux propices à l'épanouissement d'un groupe végétal ou animal. Face à un problème de survie, pour échapper à un nombre trop important de prédateurs, pour subsister lors d'une pénurie ou d'un changement de climat, un groupe cherche une autre niche qui possède des caractères différents, plus favorables. Il s'y adaptera peu à peu, et créera ainsi une espèce nouvelle. C'est ce qu'ont fait les oiseaux dans les diverses îles des Galapagos, ce qui a donné à Darwin l'idée de sa théorie de l'évolution. Mais c'est aussi ce qui existe dans une simple prairie, où les herbes et les insectes disputent perpétuellement une bataille pour leur survie. Cependant, il est probable que moins d'espèces se créent de nos jours, car la Terre s'est bien remplie et le nombre de niches disponibles diminue. C'est pourquoi il est si important de préserver celles qui subsistent et qui sont menacées, dans les forêts de l'Amazonie comme dans les marais de nos côtes. L'homme, qui ne possède pas de niche propre, qui a fait de la Terre entière sa niche, en a trop souvent profité pour détruire celles de nombreuses espèces végétales et animales. Il va ainsi à contre-courant de cette grande loi de prodigalité, mais aussi de prudence, que la nature enseigne et dont elle a démontré l'importance.

Des biologistes ont montré expérimentalement la façon dont les êtres vivants se diversifient selon les niches. Ils ont placé des bactéries vivant normalement sous terre dans un bouillon de culture formé de couches superposées, contenant des densités différentes de matière nutritive et d'oxygène. Au bout de quelques jours seulement, on observe que la bactérie initiale se modifie et donne naissance à diverses formes nouvelles, chacune apparemment bien adaptée aux diverses niches du nouveau milieu. Des colonies de nouveaux microbes se créent ainsi et s'organisent différemment suivant l'endroit où ils s'installent.

C'est peut être ainsi que la diversité est apparue aux débuts de la vie. Les premiers êtres vivants ont pu se trouver rapidement face à une pénurie d'éléments nutritifs, dans la mare tiède où ils sont apparus. Il a fallu qu'ils s'adaptent, sous peine de disparaître. Certains ont ainsi pu imaginer de se déplacer, d'autres de manger leurs semblables. Des systèmes vivants nouveaux sont apparus, se sont diversifiés et multipliés peu à peu, au fil de l'évolution, dont, depuis Darwin, on comprend mieux le mécanisme, qui ne doit rien, pour les biologistes modernes, à quelque principe organisateur, à quelque volonté extérieure, mais qui se déroule suivant le seul hasard des mutations qui affectent l'hérédité, et qui aboutissent à des transformations des êtres vivants, dont subsistent seules celles qui sont bien adaptées à l'environnement. Mais on ne peut éviter de se poser quelques questions à propos de ce mécanisme, qui semble se dérouler dans de si bonnes conditions qu'on en est amené à se demander s'il répond à un schéma, s'il a un sens.

VIII

L'ÉVOLUTION A-T-ELLE UN SENS ?

> *Nous voyons dans l'évolution du vivant un grand mouvement vers une complexité croissante, qui va aboutir à l'homme. Mais les biologistes sont formels : seuls le hasard et un bricolage permanent ont agi. L'homme est « un joueur qui n'a cessé de gagner ».*

L'évolution n'a jamais été un mouvement régulier : pendant une très longue période, en fait durant les cinq sixièmes de l'histoire de la vie sur la Terre, c'est-à-dire près de 3 milliards d'années, il ne se passe presque rien, sinon l'invention du noyau. La vie semble très peu évoluer : il n'existe que des êtres rudimentaires, animaux ou végétaux marins, bactéries ou algues faits d'une seule cellule. Puis, il y a 700 millions d'années, se produit une seconde révolution capitale, après celle du noyau : apparaissent les premiers êtres faits de plusieurs cellules. Pourquoi et comment la nature est-elle passée des êtres formés d'une seule cellule aux organismes pluricellulaires ? Les discussions se poursuivent : certains biologistes pensent que des êtres unicellulaires se sont mis peu à peu en colonies avant de s'agglomérer, comme semblent le prouver les éponges – qui, malheureusement pour la démonstration, sont un cul-de-sac de l'évolution, n'ayant pas de descendants. D'autres estiment au contraire que des divisions ont pu se produire à l'intérieur des premiers êtres vivants. Autre question sans réponse : ce phénomène s'est-il produit une seule fois ? Ce n'est pas évident, ce qui ajoute au mystère.

La nouveauté est en tout cas importante, car les êtres à plusieurs cellules possèdent des avantages considérables. D'une part, ils peuvent perdre quelques-unes de ces cellules sans que cela entraîne leur mort, ils vivront donc plus longtemps. D'autre part, leur taille peut augmenter et leurs organes se modifier, ce qui accroît les possibilités de réaction avec le milieu. Enfin les changements peuvent se faire plus facilement et sur un plus grand nombre d'éléments dans l'organisme, ce qui va donner de nouvelles possibilités à l'évolution. La vie va, enfin, pouvoir se diversifier. Ce que nous appelons les animaux va pouvoir apparaître. Ce qui peut apparaître à première vue comme une complication se révèle donc être un avantage important, dans le souci permanent que semble avoir la nature d'être sans cesse plus efficace.

Et le sexe apparut

Une autre révolution va accroître encore les chances de diversité. Pourquoi la sexualité ? Comment s'est produit cet événement considérable, le plus important, peut-être, de l'histoire de la vie ? On l'ignorera toujours. Deux cellules ont ainsi fusionné, un jour, pour créer cette reproduction sexuelle. Est-elle apparue très tôt, lorsque la vie est née sur la Terre ? Certains en sont persuadés, puisque des bactéries très anciennes sont capables de se reproduire sexuellement. D'autres estiment, au contraire, que la sexualité a nécessairement résulté d'une longue préparation, car l'œuf est un système très complexe, qui n'est probablement pas apparu d'un coup.

Cette forme de reproduction est, en tout cas, à la fois un élément d'ordre et une possibilité accrue d'évolution. La multiplication par division donne naissance, en effet, à des êtres rigoureusement semblables à leur géniteur. Elle ne peut susciter de nouveauté capable de répondre avantageusement à une modification du milieu que par le jeu des mutations, en principe rares et hasardeuses. La reproduction sexuée produit systématiquement, au contraire, un être nouveau, original, qui est la combinaison de deux hérédités, ouvrant ainsi beaucoup plus de possibilités à l'évolution. Elle crée un élément de diversité plus fort, et donc une assurance de survie plus grande pour l'espèce, grâce à des possibilités de changement plus nombreuses. A long terme, une population formée d'individus sexués évolue plus vite et mieux, s'adapte plus facilement et plus rapidement à des modifications de l'environnement, du fait de la plus grande variété génétique des individus du groupe. Le sexe est donc aussi un facteur d'ordre, si l'on ne veut pas parler de progrès.

Cependant, cette révolution a posé des problèmes. Il est tellement plus simple de se reproduire par simple division, comme le font des milliards de microbes, ce qui évite toutes les complications de la recherche d'un partenaire du sexe opposé. Cette reproduction par division est extrêmement efficace, la preuve en est qu'elle continue à exister chez de nombreuses espèces, mais la sexualité représente, à long terme, un avantage considérable dans la mesure où, favorisant la diversité, elle facilite l'évolution de l'espèce qui aura de plus nombreuses possibilités de s'adapter. La complexité de la sexualité semble donc avoir une raison d'être. Mais on ne peut pas raisonner ainsi en matière d'évolution, car cette dernière ne se manifeste jamais en fonction d'un avenir, elle n'agit qu'en fonction du présent, de l'adaptation immédiate à des conditions nouvelles, elle ne prévoit jamais ce qui pourrait arriver. Cela épaissit donc, au lieu de le résoudre, le mystère qui entoure l'apparition de cette complexification essentielle qu'est la sexualité. Même si elle est apparue au hasard, comme l'affirment nombre de biologistes, elle se situe dans un mouvement qui va toujours dans le même sens et elle est vite devenue un mécanisme essentiel de l'histoire de la vie.

On ignore aussi pourquoi s'est produite la coupure fondamentale entre les végétaux et les animaux. Au début de la vie, il n'existait pas de différence entre les algues et les bactéries. C'est sans doute très lentement, à partir de l'apparition du noyau, puis de celle des êtres à plusieurs cellules, que la différenciation s'est faite peu à peu. Tout au plus peut-on imaginer que des pressions de l'environnement ont dû jouer, les végétaux de plus grande taille – car les premiers êtres vivants étaient minuscules – capables de transformer directement l'énergie solaire, apparaissant au moment où les ressources en matière nutritive se tarissaient pour les cellules animales. Les végétaux se sont ensuite condamnés à l'immobilité par leur façon de vivre, liée à l'utilisation de la lumière par beaucoup de feuilles, ce qui les rendait plus importants en surface. Leur apparition a créé de la matière organique, nourriture des premiers animaux, et elle a permis l'apparition de l'oxygène, résultat de la respiration des plantes. Cet oxygène, qui n'existait pas dans l'atmosphère primitive de la Terre, a fabriqué peu à peu l'air que nous respirons aujourd'hui. Les végétaux ont commencé à sortir de l'eau pour conquérir la terre ferme il y a environ 430 millions d'années. Pour disposer de plus de lumière, ils ont rapidement grandi et les premières plantes terrestres sont vite devenues géantes.

L'ARBRE EST-IL MOINS COMPLEXE QUE L'OISEAU QUI Y NICHE ?

Il nous semble que la vie, depuis 3 milliards d'années, n'a cessé d'aller dans le sens d'une complexité croissante. C'est aussi ce que nous constatons aujourd'hui. Les mammifères qu'on appelle « supérieurs », dont l'homme fait partie, sont manifestement plus complexes que les poissons ou les salamandres. Mais les biologistes nous mettent en garde contre une généralisation qu'ils jugent trop hâtive. Est-il évident qu'un arbre soit moins complexe que l'oiseau qui y niche ? La complexité est-elle une nécessité de la vie, une certitude de réussite ? Le mouvement s'est produit parfois dans l'autre sens : les virus, des parasites qui ne peuvent vivre sans le support d'une cellule vivante, sont peut-être le résultat d'une régression d'êtres qui les ont précédés dans l'histoire de la vie. D'autres parasites continuent à fort bien vivre dans un état de non-complexité évident : ils n'ont pas de système de digestion, ni de système de locomotion. Il existe aussi des insectes qui naissent sans bouche et qui commencent donc à mourir de faim dès leur venue au monde, ils ne semblent être nés que pour se reproduire.

D'autre part, la supériorité que semble donner un accroissement de complexité est-elle un garant de réussite ? Par son intelligence, l'homme apparaît comme le plus complexe des êtres vivants. Mais il n'existe qu'une seule espèce humaine contre un million d'espèces d'insectes : qui sera le gagnant, à la longue ? Le mathématicien René Thom, qui laissera son nom à la « théorie des catastrophes », et qui aime émettre des propositions qui suscitent le débat, soutient que la complexité de l'amibe la plus simple est comparable à celle de l'homme. Non dans sa structure ni dans sa morphologie, bien sûr, mais dans son aspect fonctionnel : les mouvements d'un homme ne sont pas plus complexes que ceux d'une amibe et leurs fonctions essentielles sont les mêmes.

Lorsqu'on regarde l'histoire de l'évolution, force est, en tout cas, de constater que la complexité n'y a pas progressé de façon régulière. Certains êtres sont restés à peu près les mêmes, sans que leur complexité s'accroisse, comme les bactéries, qui sont rudimentaires, certes, mais parfaitement adaptées à l'environnement, et qui ont affiné leurs possibilités de se modifier par des mutations, ce qui leur permet, par exemple, de résister à l'attaque des antibiotiques. Existant depuis 3 milliards d'années, on a pu dire qu'elles représentent un des grands succès de l'histoire de la vie. Ce sont les seuls êtres capables de vivre dans des environnements très différents et parfois très hostiles. On en trouve aussi bien dans les gisements de pétrole, ou les sources sulfureuses que dans les grands fonds marins, où elles résistent à de gigantesques pressions, dans la glace des pôles comme sous l'équateur. Si la lutte biologique et d'autres facteurs écologiques ne rétablissaient l'équilibre, dit le généticien François Gros, la Terre serait un vaste bouillon de culture. Les bactéries sont, en effet, dotées d'un pouvoir de reproduction considérable : elles se multiplient sans cesse, pour survivre. Tout se passe comme si c'était leur seul but. A peine l'une a-t-elle achevé sa croissance qu'elle se divise, ses deux « filles » se multipliant à leur tour, à toute vitesse, en deux êtres parfaitement identiques. Les bactéries produisant une génération nouvelle toutes les demi-heures, un seul individu peut théoriquement donner naissance à 300 000 milliards de descendants en vingt-quatre heures, ce qui explique l'apparition relativement fréquente, dans cette multitude, d'individus mutants. On a pu dire que, chez les bactéries, les mutations ne forment pas l'exception, mais la règle, c'est ce qui explique qu'elles peuvent rapidement résister aux antibiotiques, puisqu'il suffit que survivent quelques mutants, apparus par hasard, lorsque la colonie est décimée, pour que soit recréée une population nouvelle en peu de jours.

La bactérie ne fait là rien d'autre que ce que l'évolution commande de faire à tous les êtres vivants, des plus simples aux plus complexes – c'est-à-dire de se reproduire. Une bonne reproduction est le signe d'une bonne harmonie avec le milieu. Celui qui ne peut se reproduire disparaît nécessairement, selon la loi inéluctable de la sélection naturelle. Celui qui se reproduit plus vite et mieux donne à son espèce des chances meilleures de gagner la dure lutte pour la survie, sans que cette dernière soit nécessairement mieux assurée par les plus forts. Ce sont d'abord les mieux adaptés qui gagnent.

D'autres espèces ne se sont pas modifiées depuis des dizaines, voire des centaines de millions d'années. Comme ces fossiles vivants que sont le vieil arbre chinois, le « ginko », les cafards, ou le cœlacanthe. Il existe encore des animaux qui ressemblent à des êtres préhistoriques, par exemple les dragons de l'île de Komodo, dans l'archipel de la Sonde, des lézards dont certains ont 3 m de long et qui vivent d'une manière qui doit être semblable à celle des dinosaures d'il y a 100 millions d'années. Ils se sont adaptés au climat de l'île, où la saison sèche, qui dure huit mois, crée une atmosphère entièrement déshydratée, car il ne tombe pas une seule goutte de pluie : les végétaux dépérissent, il règne un silence de feu pendant les journées torrides, aucun animal ne se hasarde sur le sol couvert de poussières noires, où il fait parfois jusqu'à 75°. A la saison humide, les dragons sortent et se nourrissent : ils peuvent avaler d'énormes proies, la tête entière d'un sanglier sauvage, ou un jeune faon, par exemple. Leur voracité est étonnante : on en a vu qui mangeaient, en un quart d'heure, la moitié de leur poids. A la fin du repas, il ne reste de leur victime que quelques touffes de poils. Ils ne partagent avec personne. Après avoir fait un bon repas, ils peuvent attendre jusqu'à cinq jours le suivant, en digérant au soleil. Ils ne sont guère difficiles, les charognes leur conviennent parfaitement, mais ils sont aussi capables d'attaquer des buffles, des chevaux, voire des êtres humains, avec lesquels, pourtant, ils sont généralement d'une grande familiarité, se laissant volontiers caresser.

Mutations et sélection naturelle

Les espèces vivantes se modifient sans cesse par le double jeu des deux moteurs de l'évolution, les mutations et la sélection naturelle, laquelle fait gagner les mieux adaptés dans le jeu implacable de la bataille pour la vie. Les mutations, qui se font au hasard, sans but, se produisent sur les gènes, ces éléments porteurs de l'hérédité, que les biologistes considèrent comme les éléments essentiels du vivant : pour certains, les organismes ne seraient que des moyens, des supports, par lesquels les gènes se reproduisent et sont transmis de génération en génération. C'est ce qu'on appelle la théorie du « gène égoïste ». Mais comme les gènes ne peuvent exister en dehors d'un organisme, et que l'évolution agit sur les organismes, cette théorie n'aboutit pas à grand-chose.

Les mutations, dont beaucoup n'affectent pas la vie de l'individu chez qui elles se manifestent, sont les conséquences d'erreurs dans la transmission du patrimoine génétique. La sélection naturelle utilise ces mutations : les mutants qui se trouvent, par hasard, être mieux adaptés à un environnement modifié auront davantage de chances de survivre et de se reproduire. Ils vont donc créer une espèce transformée. C'est le cas des bactéries qui résistent aux antibiotiques ou des insectes résistant aux insecticides. L'exemple classique est celui d'un papillon qu'on appelle la phalène du bouleau. On a remarqué qu'en Angleterre, lors de la poussée industrielle du XIXe siècle, la fumée des usines noircissant les troncs des bouleaux, ces papillons, originellement blancs, étaient devenus en majorité noirs. Les mutants foncés, moins vulnérables, survivaient mieux et s'étaient donc reproduits davantage. Lorsque la lutte contre la pollution a diminué le noircissement des troncs, l'espèce est redevenue blanche. L'évolution, dit François Jacob est bâtie sur des incidents, sur des événements rares, sur des erreurs. « Cela même qui entraînerait un système inerte à sa destruction devient source de nouveauté et de complexité dans un système vivant. L'accident peut s'y transformer en novation et l'erreur en succès. »

Les mutations ne sont pas toujours des événements rares. Dans les populations de bactéries, on l'a vu, elles forment plus une règle qu'une exception. Chez l'homme, elles sont difficiles à estimer, car celles qui se traduisent par des malformations graves sont presque toujours éliminées avant la naissance, par la mort du fœtus ou de l'embryon. On estime que, pour l'ensemble de la population humaine, il doit se produire de 100 à 1 000 milliards de mutations par génération, mais beaucoup restent invisibles.

S'il faut se garder de confondre complexité croissante et progrès, dans la mesure où ce dernier terme suggère une tendance vers un but, s'il est vrai que l'évolution n'a pas avancé de façon régulière, elle s'est pourtant déroulée dans une direction, dans un mouvement basé sur le succès résultant d'une bonne adaptation des êtres vivants à leur environnement. Les insectes sont de remarquables merveilles, très bien adaptés à leur mode de vie, notamment par leurs yeux et leur système visuel, même s'ils sont handicapés par leur petite taille et leur squelette extérieur. Les reptiles ont du mal à résister à de brusques changements de climat du fait qu'ils ont le sang froid, c'est peut-être ce qui a provoqué la disparition des dinosaures. Les mammifères, qui ont le sang chaud, sont mieux armés que leurs prédécesseurs. C'est ce mouvement que certains ont appelé la « force vitale », que personne n'a jamais identifiée et qui n'explique rien.

L'enrichissement du patrimoine génétique, qui a été continu de la bactérie à l'homme, est un élément important de ce mouvement de l'évolution. Il fournit de meilleures armes pour trouver des parades efficaces aux changements du milieu. C'est donc un facteur essentiel de l'évolution et il va de pair avec l'apparition d'espèces de plus en plus compliquées. Mais rien n'a été décidé à l'avance. Il n'y a pas eu de dessein. L'évolution, encore une fois, ne prévoit jamais rien. Personne ne sait si les oiseaux volent parce qu'ils ont des ailes, ou s'ils ont des ailes parce qu'ils volent. L'histoire de la vie n'est pas un long fleuve tranquille : elle est faite d'une longue série d'essais et d'erreurs, qui nous resteront à jamais inconnus, car nous ne constatons que les succès. Ce que nous voyons autour de nous et dans les fossiles n'est que les résultats des coups de dés heureux, les autres ont disparu à jamais.

Un bricolage permanent

L'évolution aurait donc pu s'écrire tout à fait différemment et conduire à d'autres êtres que ceux qui peuplent aujourd'hui la Terre. Elle n'est pas un bel arbre, bien structuré, mais une suite de buissons plus ou moins touffus, dont les ramifications sont complexes et variées, une histoire faite de bifurcations compliquées, un bricolage permanent, comme le dit François Jacob, qui comporte irrémédiablement des extinctions, tout autant que des créations. Il aurait très bien pu se faire que les reptiles ne donnent pas naissance aux mammifères, donc à l'homme. Si l'évolution recommençait, elle pourrait aller dans d'autres directions et faire apparaître d'autres êtres.

Il existe de très nombreuses preuves que l'évolution procède essentiellement par bricolage. Le paléontologue américain Stephen Jay Gould a bien raconté l'histoire du pouce supplémentaire du panda chinois, lequel ne peut servir qu'à une seule chose : éplucher les bambous. Mais c'est une chose essentielle, car les pandas ne se nourrissent que de bambous. Ce pouce supplémentaire n'est qu'un bricolage, fait de l'extension d'un os du poignet que possèdent tous les mammifères et nullement destiné à l'épluchage des bambous. Si la nature ne trouve pas de solution, l'espèce disparaît – ce fut peut-être le sort des dinosaures, qui n'ont pu s'adapter à un environnement soudain modifié. Si elle en trouve, l'espèce évolue, différente. Ce bricolage de l'évolution fonctionne comme le jeu de construction des enfants : moins il comporte de pièces, plus il est facile de recycler ces pièces dans des montages différents et donc de créer des éléments nouveaux. La plume de l'oiseau est la suite naturelle de l'écaille des tortues. La dent du requin dérive de l'écaille des poissons. Le sabot du cheval est l'ongle de son troisième doigt, les autres ayant disparus. La corne des rhinocéros n'est que le résultat d'une agglomération de poils.

On cite souvent l'exemple du poumon, qui résulte de la transformation de l'œsophage de certains poissons, lesquels vivaient dans des mares dont l'eau était pauvre en oxygène. Ils prirent donc l'habitude d'avaler de l'air et d'absorber de l'oxygène à travers la paroi de leur œsophage dont les diverticules, au fil des millénaires, ont fini par faire les poumons, lesquels ont permis aux poissons de sortir de l'eau et de devenir des vertébrés terrestres, dont nous sommes issus. Les matériaux des branchies devenues inutiles vont être bricolés pour servir d'éléments des systèmes de mastication ou d'audition. Il se peut que les poissons qui sont ainsi sortis de l'eau aient été de médiocres nageurs, handicapés par des nageoires qui commençaient à ressembler à des systèmes destinés davantage à ramper, et qui finiront par donner les pattes. Ces nageoires charnues formaient surtout un avantage lorsqu'un changement de climat asséchait les mares où ils vivaient, car elles ont permis à certains de ces poissons de s'habituer à la terre ferme, au point d'y rester. Le célèbre cœlacanthe, ce fossile vivant dont on a retrouvé quelques exemplaires, est le seul descendant de ces poissons à nageoires charnues, dont les autres espèces ayant gardé l'eau comme habitat ont disparu.

On se demande parfois la raison de caractères étranges que possèdent certains êtres vivants, mais cette raison existe toujours, même si elle nous échappe. Les fossiles retrouvés montrent que des cerfs vivant en Irlande il y a longtemps portaient des bois d'une envergure de plus de 2 m. Cette encombrante ramure devait être mal commode à vivre dans l'environnement boisé de ces animaux. Il faut pourtant croire qu'elle avait une raison d'être importante. Sans doute était-elle destinée à impressionner les concurrents lors de la conquête d'une partenaire pour l'accouplement. L'ornithorynque est un étrange animal, qui vit en Australie. C'est un curieux mélange : il pond des œufs, mais c'est un mammifère – à vrai dire sans mamelles, ses petits sucent le lait à ses poils. Il possède un bec de canard, des poils de loutre, vit aussi bien dans l'eau que sur terre. Lorsqu'il plonge, il ferme ses yeux, les oreilles et les narines, pourtant il trouve ses proies sans difficulté, car il possède un sens supplémentaire : une extraordinaire sensibilité aux champs électriques, située dans des organes spéciaux de son bec. Il possède sur ses pattes postérieures un venin puissant qui tue un lapin en quelques dizaines de secondes. A quoi peut bien correspondre ce bricolage ahurissant ? A rien, probablement, et la survie de l'étrange animal ne s'explique que par sa bonne adaptation à une niche écologique bien particulière.

Une autre preuve de la réalité de ce bricolage de l'évolution est le fait que tous les organismes sont composés des mêmes éléments essentiels, disposés différemment, recombinés à plusieurs reprises au fil du temps. La plupart des êtres organisés procèdent du même schéma : ils possèdent une symétrie latérale, un avant et un arrière, une tête et un orifice d'évacuation des déchets, pour s'éloigner naturellement de ce qu'ils laissent derrière eux. Ils se meuvent au moyen des mêmes dispositifs : une nageoire et une patte ont des structures très semblables.

Face à un problème, par exemple un changement dans l'environnement, l'évolution cherche et trouve des solutions différentes suivant les espèces, mais qui tiennent toutes compte des possibilités de chacune de ces espèces, de leur potentiel d'adaptation aux contraintes de l'environnement. Une fois qu'elle a trouvé une solution, la nature s'y tient, quitte à bricoler autour suivant la morphologie de chacun. Elle ne revient jamais en arrière. La nature semble produire sans cesse de nouvelles combinaisons, vérifiant au fur et à mesure leur valeur adaptative et trouvant ses solutions de façon opportuniste. Le physicien américain Heinz Pagels imagine, dans l'un de ses livres, qu'un célèbre biologiste arrive au Paradis et demande à voir Dieu. On l'amène devant un vieil homme en salopette, les mains dans le cambouis. « Je voudrais savoir comment vous avez fait le système musculaire de l'aile de la mouche, demande le biologiste, c'est tellement ingénieux. » « Ah, répond Dieu. Il y a si longtemps... C'est très simple. Vous prenez un morceau de muscle, vous le pliez... vous réorganisez... Je ne me souviens pas des détails. Mais qu'importe ? Ca marche, non ?... »

« L'EXPLOSION DU CAMBRIEN »

L'une des preuves que l'évolution ne suit pas un chemin tout tracé et rectiligne est la suite de créations et d'extinctions massives que l'on observe tout au long de l'histoire de la vie. Il y a environ 550 millions d'années, s'est produit un événement essentiel. On l'appelle « l'explosion du Cambrien » : ce fut une poussée évolutive inégalée depuis, qui s'est déroulée sur une dizaine de millions d'années, et au cours de laquelle semblent apparaître – on ne sait pas pourquoi – de très nombreuses formes de vie. Que s'est-il alors passé ? On imagine diverses hypothèses, toutes invérifiables. Selon certains, la terre étant alors vide, les niches écologiques, c'est-à-dire les endroits où les espèces vivantes pouvaient se développer sans problèmes, étaient nombreuses et ne demandaient qu'à se remplir. Une explication séduisante, mais un peu facile. On a imaginé une autre raison, relativement simple et plausible, à cette explosion de vie : jusque-là, la plupart des êtres vivants se nourrissaient de ce qu'ils trouvaient dans le milieu ambiant. Jusqu'au jour où les êtres rudimentaires sont devenus des animaux et que certains eurent l'idée de dévorer les autres. La prédation était inventée et, selon certains biologistes, cela aurait donné un coup de fouet à la prolifération animale.

Cette explosion de vie est, en tout cas, spectaculaire : la plupart des grands groupes d'animaux qui existent aujourd'hui vont naître à cette occasion, mais également beaucoup d'êtres étranges, qui disparurent ensuite. Toutes les inventions essentielles du vivant sont acquises à cette époque. Pourquoi ? Comment ? On n'a pas de réponse. C'est l'un des innombrables événements inexplicables de la longue histoire de l'évolution, que nous attribuons dans notre ignorance au hasard, terme bien commode pour masquer notre impossibilité de comprendre les décisions de la nature. Le hasard, nous l'avons vu, est le nom que nous donnons à ce qui provoque un changement qui se produit sans cause connue, sans direction déterminée. Nous sommes obligés de constater que ce hasard se manifeste à tous les niveaux de l'évolution, depuis les mutations qui affectent les éléments les plus simples, les gènes, jusqu'à cette transformation majeure, mal expliquée, qu'est l'apparition d'une espèce nouvelle, en passant par ces étranges « explosions » de vie. On pourrait tout aussi bien parler de la propension naturelle de la nature à proliférer, de son étonnante puissance créatrice – ce qui ne nous avance pas davantage.

Un autre exemple d'une rupture surprenante de l'évolution est la catastrophe qui, il y a 530 millions d'années, a détruit les neuf dixièmes de tout ce qui vivait sur Terre. Après l'explosion, c'est l'extinction massive du Cambrien, tout aussi inexplicable. C'est là que commence notre propre histoire, qui n'a donc rien d'une saga logique, et comporte, au contraire, de nombreux rebondissements imprévus. Si notre lignée n'avait pas fait partie des rares survivants de cette grande extinction, il n'y aurait peut-être pas de vertébrés aujourd'hui – et donc pas d'hommes. Un seul membre de notre lignée de chordés, un petit animal aquatique à épine dorsale rigide, que l'on a appelé Pikaia, a été retrouvé parmi les rares traces fossiles qu'ont laissées les êtres qui ont échappé à cette extinction massive.

Mais ce n'est pas tout pour expliquer l'existence de nos lointains ancêtres. Il a fallu, ensuite, qu'apparaissent des poissons dotés d'une solide arête et de nageoires spéciales, proches de pattes, pour que les vertébrés s'aventurent hors de l'eau et commencent la conquête de la terre ferme. Cette conquête avait débuté il y a 400 millions d'années par quelques végétaux, mousses et champignons, les animaux suivant quelques millions d'années après. Parmi ces êtres qui s'aventurent dans le nouvel habitat terrestre, un petit reptile mangeur d'insectes sera l'ancêtre des mammifères, donc le nôtre.

L'aventure de la vie connaîtra bien d'autres catastrophes. Une nouvelle extinction se produisit il y a 225 millions d'années, qui anéantit 90 % des espèces marines vivant alors. Il semble qu'elle ait été due à des causes multiples, baisse du niveau des mers, intense volcanisme, diminution de l'oxygénation des eaux. Nos lointains ancêtres y ont échappé, on ne sait trop pourquoi. Enfin, une autre extinction massive s'est produite il y a 65 millions d'années, sans doute à cause des nuages de poussières qui obscurcirent l'atmosphère à la suite du choc d'une immense météorite ou d'intenses éruptions volcaniques. Si cette catastrophe, qui modifia profondément l'environnement, n'avait pas anéanti les dinosaures, alors rois de la planète, ils formeraient peut-être encore les espèces dominantes, et les petits mammifères qui couraient entre leurs pattes, depuis des dizaines de millions d'années, n'auraient jamais eu la chance de se développer jusqu'à nous. Nous devons peut-être aussi notre existence à cette catastrophe planétaire.

La naissance de l'homme

Si, enfin, quelques lignées de primates dont le pouce était opposable aux autres doigts et qui possédaient la vision binoculaire, nos lointains ancêtres, n'avaient pas commencé à se redresser, il y a environ 8 millions d'années, nos prédécesseurs immédiats auraient continué à évoluer comme de grands singes – ou se seraient éteints. Il a donc fallu beaucoup de « si » pour que notre lignée apparaisse – ou, si l'on préfère, beaucoup de hasards heureux. L'homme doit d'exister à une évolution dont on ne connaît pas le processus détaillé, qui a pris des millions d'années, et dont le dernier élément, le plus important, a été la station verticale, la marche permanente sur deux jambes, qui a libéré les mains, permis au cerveau de se développer et a donné à l'homme la volonté de fabriquer des outils et des armes.

Le paléontologiste Yves Coppens donne une explication à ce redressement : un changement de climat dans cette région d'Afrique orientale où l'on voit le berceau de l'humanité. A la suite d'une cassure géologique, la sécheresse aurait créé là, peu à peu, une savane, qui aurait commencé à remplacer, il y a environ 4 millions d'années, la forêt où vivaient nos lointains ancêtres et où continuent à exister, en Afrique de l'Ouest, nos cousins les grands singes. Dans la savane, les êtres qui ont la tête haut placée sur un corps vertical voient mieux, au-dessus des hautes herbes, les proies et les prédateurs : ils sont donc avantagés et peuvent mieux s'adapter, se reproduire et évoluer. La station debout a eu une autre conséquence essentielle : le cerveau, placé au sommet de la colonne vertébrale, a pu mieux se développer. En se redressant, l'homme aurait donc acquis la possibilité de devenir intelligent. Darwin l'avait déjà compris.

Mais cela suffit-il pour affirmer que nous sommes d'une nature différente des autres animaux − et en particulier les grands singes, nos cousins ? C'est loin d'être évident : il ne faut jamais oublier que nous avons 99 % d'éléments génétiques en commun avec les chimpanzés et que notre apparition, comme celle de tous les animaux, est le résultat des processus mal connus et hasardeux de l'évolution. Pourtant, l'évidente originalité de l'homme a poussé certains à reprendre des arguments qui avaient cours jusqu'au XIXe siècle, et à soutenir la thèse que l'homme est un être à part dans le monde vivant, qu'il est fondamentalement différent des animaux. Développant ce que Darwin avait laissé entendre, le père jésuite Teilhard de Chardin n'hésite pas à affirmer que l'homme est le produit ultime et nécessaire de l'évolution, celui qui donne son sens au phénomène général de la vie sur Terre. « L'univers en gravitation, écrit-il, tombe vers l'Esprit comme sur sa forme stable, en avant. »

C'était, avant la lettre, une formulation de ce qu'on a appelé ensuite le « principe anthropique ». La vie n'a de sens que parce qu'elle va vers l'homme : le phénomène humain, pour Teilhard, transforme la planète en établissant à sa surface une enveloppe nouvelle, l'enveloppe pensante. L'aboutissement du long processus de l'évolution ne peut être que l'union de l'esprit à Dieu dans ce qu'il appelle le point Omega. Cette intervention du divin est bien commode, et les hommes de science s'en sont largement servi jusqu'au XIXe siècle pour expliquer ce qu'ils ne comprenaient pas. Le système de réflexion est le même : si l'on admet que les phénomènes de la vie sont d'un domaine différent de ceux de la physique et de la chimie des systèmes inertes, on peut être tenté d'aller plus loin pour affirmer que l'explication du phénomène humain relève de raisonnements basés sur la foi, sur la croyance en des règles établies hors de l'emprise des hommes, par une autorité suprême.

Mais nous avons constaté, au contraire, qu'il n'existe pas de hiatus entre l'inerte et le vivant, pas plus qu'il n'en existe entre l'animal et l'homme. Même si le vivant et l'homme représentent des succès inexpliqués et remarquables d'un processus général d'évolution, ils entrent dans le même cadre général. Inutile de dire, par conséquent, qu'aucun paléontologiste ne peut souscrire à l'explication simpliste, à l'anthropomorphisme forcené de Teilhard de Chardin. Que l'homme soit un être original, qu'il possède une intelligence plus développée que celle d'aucun animal, qu'il dispose d'une place exceptionnelle sur la Terre n'autorisent en rien à en faire le but de l'évolution. Il n'existe aucune poussée vers le cerveau, aucune tendance à une domination de l'esprit. L'arrivée de l'espèce humaine n'est qu'un heureux hasard de l'évolution. « Nous sommes comme un joueur qui, dans le passé, n'aurait jamais cessé de gagner », dit le biologiste japonais Kimura. Toutes les espèces apparaissent et disparaissent, au fil de l'histoire de la vie, et il est probable que l'espèce humaine n'échappera pas à la règle, ce qui confirmera qu'elle ne représente rien d'exceptionnel et que l'homme n'est en rien le but de l'évolution.

Il n'y a pas de gènes de l'intelligence

Certes, la complication du cerveau humain est tout à fait remarquable et on a du mal à l'expliquer, mais elle a probablement des raisons que l'on découvrira, et elle n'est que la suite normale de l'évolution du cerveau animal. Le cerveau humain est fait des mêmes éléments que celui du rat, les mêmes neurones, et il fonctionne de la même manière. Il possède seulement un développement plus grand de certaines régions, comme le cortex, situé derrière le front et où se trouveraient les réseaux qui coordonnent les activités « nobles », celles de la raison, du jugement, de la conscience de soi. Mais on observe chez les mammifères une tendance vers le cortex, qui résulte probablement de l'activité sociale des animaux les plus évolués. Il n'y a donc pas eu de saut évolutif de l'animal à l'homme en ce qui concerne le cerveau. Chez tous les animaux qui en possèdent un, c'est l'organe noble, celui qui pour sa formation et son fonctionnement mobilise autant de gènes que tout le reste du corps. Mais on n'a pas découvert de gènes de l'intelligence et ils n'existent probablement pas.

Par ailleurs, nombre de neurobiologistes considèrent que ce qu'on appelle l'esprit, la conscience ou la pensée doit pouvoir s'expliquer par des phénomènes chimiques ou physiques. Pour ces biologistes, le monde psychique n'est pas fondamentalement différent du monde inerte, dans la mesure où les êtres vivants sont constitués d'éléments qui fonctionnent suivant les règles de la chimie et de la physique, et qui ne sont donc pas d'une nature différente de ce que nous connaissons dans le monde inerte, sinon que la matière organique est bien plus complexe que la matière minérale. Pour l'instant, nous ne comprenons pas encore clairement comment fonctionne notre cerveau, mais nous savons le décrire : il est constitué de quelque 100 milliards de cellules nerveuses, les neurones, qui sont reliés entre eux par un réseau de connexions. Pour donner une idée de la complexité de l'ensemble, il existe 1 000 000 000 000 000 de ces liaisons dans le seul cortex. Circulent sans cesse dans ce réseau des impulsions électriques et chimiques, qui assurent les liaisons entre les cellules nerveuses et suscitent l'activité de régions données du cerveau, en fonction d'un comportement, l'attention, la lecture, la réflexion, le mouvement. Des techniques récentes permettent de voir et de photographier cette activité locale du cerveau.

On a comparé parfois notre cerveau à un ordinateur et les informaticiens rêvent de fabriquer une machine qui fonctionnerait aussi bien que lui. Il n'est pas évident que l'on parvienne jamais à ce résultat, car les deux systèmes ne suivent pas les mêmes règles. L'ordinateur est 1 million de fois plus rapide que le cerveau, il fonctionne au milliardième de seconde. Mais il est plus fragile : la défaillance d'un seul circuit peut mettre en cause la bonne marche de l'ensemble. Alors que notre cerveau supporte sans dommage qu'on lui retire des éléments : nous perdons, depuis la naissance, des milliers de neurones chaque jour, et la médecine connaît des cas d'êtres humains vivant presque normalement après avoir été amputés d'une partie importante de leur cerveau. Le cerveau est plastique, c'est-à-dire qu'il peut utiliser d'autres circuits si ceux qui fonctionnaient jusque-là ne sont plus intacts, en cas de blessure par exemple. L'énorme avantage du cerveau, celui qu'aucun ordinateur actuel − et peut-être à venir − ne peut espérer, c'est l'extraordinaire redondance de ses liaisons. On retrouve, une fois encore, la prodigalité de la nature. Il existe davantage d'états possibles dans la combinaison de ses 100 milliards de neurones et de leurs innombrables liaisons qu'il n'y a d'atomes dans tout l'univers.

Le cerveau, contrairement aux plus performants des superordinateurs, fonctionne massivement en parallèle, comme disent les informaticiens, c'est-à-dire qu'il utilise en même temps un nombre considérable de circuits. Nous pouvons, en même temps, caresser un chat, lire un poème, écouter du Mozart et respirer le parfum de la rose. On estime que nous recevons continuellement, lorsque nous sommes éveillés, quelque 10 000 messages sensoriels par seconde, dont la plupart sont analysés par nos neurones. Bien davantage qu'un assemblage d'éléments, le cerveau est un réseau d'une complication inimaginable, qu'il serait extrêmement difficile, sinon impossible de reproduire dans une machine. Cela lui donne une efficacité redoutable : malgré la lenteur de son fonctionnement, il faudrait, a-t-on calculé, des milliers d'années à un super-ordinateur pour simuler un millième de seconde de son fonctionnement.

L'homme vit une évolution culturelle

Il ne faut jamais oublier que si l'homme est ce qu'il est, s'il a su montrer sa différence, conquérir la planète et assurer sa maîtrise sur tout le reste du monde vivant, c'est que son évolution a très vite échappé aux lois de l'évolution naturelle, dans la mesure où elle est devenue avant tout culturelle. Ce qui signifie que les transformations dans la façon de vivre opérées par une génération se transmettent à la génération suivante, que l'invention d'un seul individu se répercute sur tout son groupe et modifie le comportement de la génération suivante.

Cette évolution culturelle de l'homme a commencé très tôt, probablement avec la fabrication des premiers outils de pierre, il y a plus de 2 millions d'années. Cette fabrication a coïncidé avec une spectaculaire augmentation du volume du cerveau, qui a doublé entre les Australopithèques d'il y a 3 millions d'années, qui n'étaient pas encore des hommes, et les *Homo erectus* d'il y a 1 500 000 ans, ceux qui fabriquaient les bifaces, les premiers outils évolués. Le biologiste anglais Haldane disait que l'augmentation extraordinaire de la taille du cerveau humain constituait la transformation évolutive la plus rapide qu'il connaissait. A-t-elle été la conséquence d'une mutation génétique ? A-t-elle été facilitée par l'évolution culturelle, par la création d'outils de pierre et l'établissement de meilleures relations sociales entre les hommes – ou s'agit-il du contraire ? Les préhistoriens en discutent sans pouvoir trancher.

On peut, en effet, défendre la thèse selon laquelle la fabrication d'outils plus élaborés, la création de relations plus subtiles entre les individus, la naissance d'un langage articulé peuvent aider à l'apparition d'un cerveau plus complexe. Faire un outil est un acte pensé, qui suppose que l'on a l'image, le concept de cet outil dans la conscience avant de le fabriquer, ce que les animaux n'ont jamais : certains savent se servir d'un outil au moment où ils en ont besoin, aucun n'a l'idée d'en fabriquer un à l'avance. La pensée de l'outil ne les habite pas. C'est l'une des grandes originalités de l'homme que de l'avoir eue, et d'avoir ainsi développé ce nouveau moyen d'action sur les choses et sur le monde. Le pire architecte, dit Marx, se distingue de la meilleure des abeilles en cela qu'il édifie sa structure en imagination avant de la construire. Il en a été de même de l'outil pour l'homme préhistorique.

L'évolution culturelle, née avec les premiers silex taillés, a lancé le processus de création humaine, qui s'est poursuivi avec toutes les inventions essentielles de l'humanité depuis celle du feu ou de l'arc, jusqu'à l'agriculture, la métallurgie ou l'écriture. Cette culture va permettre à l'homme de quitter sa niche écologique d'origine, sans doute l'Afrique de l'Est, pour envahir toute la planète. Partout, il saura créer son environnement, se protégeant du froid par des vêtements, échappant aux aléas du climat en faisant du feu, en inventant le langage articulé et d'autres nouveaux éléments culturels, qui vont cimenter son unité. Cette évolution culturelle a été, pour l'homme, le prolongement le plus puissamment adaptatif de son évolution biologique.

Pourquoi l'évolution si rapide du cerveau humain, son accroissement de taille se sont-ils arrêtés il y a 30 000 ans, avec l'apparition de notre ancêtre direct, le *sapiens*, auquel nous ressemblons biologiquement de façon parfaite ? Sans doute parce qu'il n'était plus nécessaire que le cerveau augmente de taille, dans la mesure où l'évolution culturelle avait remplacé l'évolution biologique. De toute façon, les mécanismes génétiques de ces phénomènes nous échapperont à jamais car nous n'aurons pas l'occasion d'examiner le patrimoine héréditaire des Australopithèques ou de l'*Homo erectus*.

On a longtemps cru que l'on comprendrait mieux la façon dont a évolué une espèce animale en découvrant la façon dont l'individu se forme, depuis l'œuf initial jusqu'à l'adulte. Des biologistes ont, en effet, remarqué que des phases de cette construction d'un être vivant semblent retracer l'évolution de l'espèce au fil des millénaires. On a pu dire que l'embryon d'un mammifère passe ainsi par un « stade poisson », puis par un « stade reptile » au cours de son développement, tout comme les poissons se sont transformés en reptiles et ces derniers en mammifères au cours de l'évolution. La création d'un individu à partir d'une seule cellule reste malheureusement encore pleine d'inconnues, mais les acquis récents apportent des éléments passionnants.

IX

LA CRÉATION D'UN ÊTRE VIVANT

> *On commence à comprendre ce fascinant mystère de la formation d'un être à partir d'une seule cellule. Des « gènes architectes » commandent la construction de l'organisme. Mais beaucoup d'éléments se placent seuls, par une étrange connivence de cellules à cellules : c'est ainsi que s'auto-organise notre cerveau.*

L'apparition d'un être vivant reste un profond mystère. Nous savons décrire ce qui se passe lorsqu'un œuf se divise pour que se crée, petit à petit, un embryon d'être, dans lequel vont se former tous les éléments d'un individu. Mais nous ne comprenons pas pourquoi cela se produit. Nous ne savons pas comment la complexité d'un être vivant s'organise, peu à peu, à partir d'une seule cellule, l'œuf fécondé, lequel contient la virtualité de tout un individu, ce qu'on pourrait appeler son programme – mais bien évidemment pas tous les éléments de son organisme, ni de son psychisme. Système hautement complexe, merveilleusement organisé, l'être vivant a cette particularité de se construire lui-même. Aucun élément extérieur ne vient diriger sa construction : tout se fait en interne, avec les seuls moyens du bord. Quels sont donc ces moyens ? Nous l'ignorons fondamentalement, mais des recherches récentes jettent un début de lumière sur cette formation d'un être.

Notre ignorance vient probablement de ce que ce processus se produit au niveau des molécules organiques, invisibles, et qu'il échappe donc à notre observation. Beaucoup de ces molécules sont synthétisées par l'organisme au fur et à mesure de ses besoins, à l'aide de protéines spéciales qu'on appelle des enzymes, éléments essentiels de l'organisation du vivant. Certes, nous avons compris que ces protéines sont fabriquées sous l'influence de gènes spécialisés, et la carte des gènes humains se fait peu à peu plus précise. Nous maîtrisons déjà la façon dont tel gène code pour la production d'une substance particulière, ce qui permet de réussir des opérations de génie génétique, c'est-à-dire de commander à des organismes rudimentaires, comme des bactéries, de fabriquer de l'insuline ou d'autres produits essentiels utilisables par l'homme. On peut aussi espérer traiter ainsi certaines maladies héréditaires.

Mais nous sommes encore très loin de comprendre ce qui se passe dans la simple cellule d'un organisme aussi différencié et complexe que celui d'un animal supérieur. Un homme est fait de 100 000 milliards de cellules, de modèles très différents, mais qui descendent toutes d'une cellule initiale unique, l'œuf fécondé. Ces cellules ont des fonctions différentes, et donc des structures variées. Il paraît inimaginable que leur diversité considérable ait été programmée dans l'œuf. C'est pourtant le cas, à la fois dans le temps et dans l'espace, car la construction d'un être vivant se fait dans le cadre d'un calendrier très précis et réclame une organisation dans l'espace tout aussi précise. Les cellules se réunissent pour faire des tissus dans un ordre immuable, de façon à créer un muscle, un membre ou un organe, d'une forme bien déterminée, d'une taille fixée, et disposant des moyens appropriés pour effectuer une fonction très précise.

Des erreurs se produisent de temps à autre, mais les naissances de monstres sont rares et le système fonctionne généralement très bien. Comment cela peut-il se faire ? Comment l'organisme sait-il que la main, le pied ou le foie sont terminés, qu'ils sont à la bonne dimension et placés au bon endroit ? Comment une cicatrisation est-elle normalement commandée cinquante ans après que la peau, le muscle ou l'os ont été créés pour la première fois ? Il est probable qu'existe, outre une mémoire biologique, sorte d'image très précise de l'organisme, un système complexe de communication de cellule à cellule, de groupe de tissu à groupe de tissu. On peut voir ce système en action au niveau d'une simple culture de cellules : lorsqu'elles ont atteint le bord de la boîte de verre, la culture s'arrête. Les cellules situées à la périphérie et qui ont atteint l'obstacle les premières signalent aux autres – à toutes les autres – qu'il faut cesser de se multiplier. C'est probablement un phénomène du même ordre, sans doute basé sur des signaux chimiques, qui indique qu'un os ou un estomac est terminé, qu'il faut donc arrêter sa croissance – quitte à la reprendre pour recréer de la chair lorsque se produit une blessure.

L'œuf, cellule unique, ne peut pas contenir tous les détails d'un organisme adulte, mais il possède probablement son plan, son programme de développement, de construction et de fonctionnement. Jusqu'à sa mort nécessaire, laquelle est également décidée, pour chaque être, dès la conception. Comment ce plan et ce programme sont-ils appliqués pour construire un être vivant ? Comment un organisme passe-t-il de l'œuf à l'embryon, de l'embryon à l'enfant, puis à l'adulte ?

On commence à le comprendre, depuis qu'on a mis en évidence ce qu'on pourrait appeler des gènes « architectes », qui commandent l'organisation d'une partie du corps. L'étonnant est que ces gènes « architectes », qu'on a découvert d'abord chez la mouche, se retrouvent, presque identiques, dans la plupart des êtres vivants, du ver de terre à l'homme. Ce qui est une nouvelle preuve de la réalité de l'évolution, ce qui démontre une fois de plus que tous les êtres vivants ont des ancêtres communs. Chaque individu dispose, dès son état embryonnaire précoce, d'un plan d'organisation précis, dont chaque élément correspond à un bloc donné des cellules de l'embryon, et est sous l'action d'un de ces gènes. Ces gènes « architectes » sont comme des chefs d'orchestre : ils assurent l'harmonisation de l'activité d'autres gènes, ces derniers commandant à leur tour à d'autres encore, en une sorte de cascade, tout cela selon un programme précis, qui fait que nos mains ont toujours cinq doigts – alors qu'il n'existe pas de gènes des doigts, et sans doute pas non plus d'une main.

C'est à peu près ce qui se passe dans un ordinateur, où les programmes qui organisent le fonctionnement de l'appareil, dans le cadre d'un travail à effectuer, ne connaissent pas les détails de ce travail. En fonction de chaque programme, l'ordinateur effectue une série d'opérations, qui peuvent être longues et complexes, et qui s'enchaînent de façon logique les unes aux autres, pour aboutir à un résultat qui ne figurait pas nécessairement dans le programme. Ni l'œuf fécondé, ni les gènes « architectes » ne connaissent le détail des organes et des membres qu'ils vont créer, ni le programme de leur genèse. Ils se contentent de commander les séquences qui mettront peu à peu en place les différents éléments de l'organisme, lequel se crée ensuite dans le détail par auto-organisation.

La formation du cerveau

Ces gènes « architectes » permettent de mieux comprendre des phénomènes de l'évolution jusque-là mal expliqués, comme les mutations importantes, celle qui fait une patte et des doigts à partir d'une nageoire par exemple. Pour certains biologistes, on ne peut comprendre l'évolution qu'en étudiant avec attention les mécanismes qui dirigent la formation des organismes dans l'embryon. Cela suscite, malgré tout, de très nombreuses interrogations, notamment lorsqu'il s'agit d'organes aussi compliqués que l'œil ou le cerveau. On s'est aperçu que, chez une souris par exemple, le nombre de gènes fonctionnels relatifs au cerveau est de 30 à 40 000, c'est-à-dire quatre ou cinq fois plus que pour d'autres organes. Le cerveau mobilise parfois à lui seul autant de gènes que le reste du corps. Ce qui confirme que son fonctionnement est à la fois plus important et plus complexe que celui des autres parties du corps.

Le cerveau apparaît d'abord dans le cadre d'une sorte de tube, qui deviendra l'ensemble du système nerveux et qui s'allonge au dos de l'embryon. Sa partie antérieure va devenir le cerveau où, par vagues successives, à des endroits bien précis, vont s'installer les neurones, les cellules nerveuses cérébrales, qui migrent, guidées par d'autres cellules. Le câblage entre neurones commence très vite. Comment se fait cette installation de circuits ? Cela reste très mystérieux, mais tout semble montrer que les fibres nerveuses se réunissent de préférence avec certains neurones, comme s'il existait entre eux des signaux de reconnaissance, puis d'adhérence.

Les neurologistes ont été surpris de constater que la nature, ici encore, fait preuve de prodigalité, de redondance. Tout se passe comme si un nombre surabondant de connexions était mis en place, après quoi se font un tri, une sélection, qui aboutiront à l'élimination des neurones et des fibres en trop, et parfois à des modifications profondes de circuits, comme si l'activité précoce de ces circuits régularisait l'ensemble du système. Le cerveau naissant s'auto-organise dès qu'il commence à fonctionner. A la naissance, le nombre de neurones est acquis, il n'augmentera plus et ne fera même que diminuer inexorablement. Notre cerveau commence à vieillir, de ce point de vue, dès la naissance. Dans l'enfance, avec l'apprentissage, d'autres groupes de neurones disparaîtront encore, d'autres circuits se mettront en place. « Apprendre, c'est éliminer », dit le neurobiologiste Jean-Pierre Changeux. Dans le cerveau, comme ailleurs dans l'organisme, c'est la fonction qui commande l'architecture du vivant.

Pour l'œil, le biologiste Walter Gehring, l'un des pionniers de ces recherches passionnantes, a démontré qu'un gène unique détermine sa formation, par l'intermédiaire d'une cascade de 2 000 à 3 000 autres gènes. On a retrouvé ce « gène maître » chez de nombreuses espèces animales et on a pu faire apparaître un œil fonctionnel chez une mouche à laquelle on a injecté ce « gène maître » pris sur une souris. Alors que les deux lignées menant à la mouche et à la souris ont divergé il y a 500 millions d'années. Les quelque 2 500 gènes nécessaires à la création d'un œil de mouche à facettes ont compris le message lancé par le « gène maître » de souris, un animal qui possède pourtant un œil très différent.

Darwin, il y a plus d'un siècle, confessait dans son célèbre livre sur l'évolution des espèces qu'il ne parvenait pas à comprendre l'évolution de l'œil. Il lui paraissait que le hasard et la sélection naturelle étaient des explications insuffisantes. A moins, ajoutait-il, que les yeux de tous les êtres actuels dérivent d'un organe simple de vision rudimentaire, qui aurait existé il y a des centaines de millions d'années. La biologie moderne lui donne raison, puisqu'on a retrouvé le « gène maître » de l'œil chez un ver plat rudimentaire, d'origine très ancienne. La nature a trouvé un « truc », dit Walter Gehring, et elle l'a perfectionné au fil de l'évolution, selon ce bricolage naturel, que François Jacob oppose au travail de l'ingénieur, lequel n'aurait jamais eu l'idée d'utiliser le même matériau pour faire des yeux aussi différents que ceux d'un ver plat, d'une mouche et d'une souris.

La naissance d'un être à partir d'un œuf est, malgré tout, un phénomène qui nous reste pour le moment encore très mystérieux, tout comme le sont encore l'organisation de l'univers à partir de la graine originelle ou la diversité quasi infinie du monde vivant, à partir de la première cellule. Il est probable que les progrès de la science apporteront des lumières nouvelles sur ces événements essentiels. Mais il ne faut cependant pas exclure que la science ait ses limites et qu'elle ne parvienne jamais à nous faire comprendre le comment et surtout le pourquoi de ces mystères.

X

QUI NOUS EXPLIQUERA LE MONDE ?

> *Le propre de l'homme est de vouloir que le monde ait un sens. Les philosophes ne sont pas réellement parvenus à dégager ce sens. Les hommes de science refusent de répondre à nos interrogations. Qui le fera ? Faudra-t-il inventer de nouvelles formes de culture ?*

Le monde vivant, comme celui de la matière inerte, même s'ils nous apparaissent complexes, fonctionnent avec un nombre relativement réduit d'éléments essentiels. A partir de quatre éléments chimiques, le carbone, l'hydrogène, l'oxygène et l'azote, la nature a fabriqué 20 acides aminés, briques élémentaires à partir desquelles se sont constituées les quelque 2 000 protéines d'un microbe, le million de celles qui existent chez l'homme. Chez tous les êtres vivants, il n'y a qu'un seul modèle de molécule de l'hérédité, l'acide nucléique formé de seulement quatre éléments, et la plupart des autres molécules organiques sont très comparables entre elles, car elles sont faites des mêmes structures, recombinées suivant les besoins du moment. Comme le disait le biologiste Jacques Monod, prix Nobel, ce qui est vrai pour le colibacille est vrai pour l'éléphant. Les cellules nerveuses sont les mêmes dans toutes les espèces. Certaines protéines sont semblables dans les haricots et chez les hommes. Les mêmes gènes suscitent l'apparition d'ailes différentes chez les papillons et les mouches et des membres différents chez les batraciens et les mammifères. Certes, les animaux sont d'une apparence variée et cette variation semble de plus en plus forte lorsqu'on s'élève dans l'échelle de l'évolution. Mais cette vision des choses résulte sans doute de notre incapacité à comprendre le détail du très lent et très long cheminement qui a présidé à l'évolution des êtres vivants et de la subtile combinatoire qui a toujours commandé leur organisation.

On peut suivre le même raisonnement en ce qui concerne le monde inerte. Il est constitué, lui aussi, d'éléments identiques à toutes les échelles, les atomes, faits des mêmes particules, sont agencés différemment suivant les objets, mais toujours selon les mêmes règles. Ces atomes sont les mêmes dans tout l'univers, comme les forces qui assurent leur cohérence et règlent leurs interactions. De cette unité est finalement issue une diversité considérable, qui donne une impression de complexité, mais elle aussi est ordonnée. Chaque élément du monde inerte est un système organisé, toujours fait sur le même modèle, qu'il s'agisse d'un flocon de neige, d'un morceau de bois, d'une planète ou d'une galaxie.

Il nous semble instinctivement que cette organisation de l'inerte et du vivant, si bien faite, doit avoir un sens, une raison d'être. Elle nous paraît orientée dans une direction, comme s'il existait un projet, un dessein. Mais tout prouve au contraire, nous disent les hommes de science, que seul le hasard a présidé à cette savante et harmonieuse construction. Nous sommes bien obligés de les croire, puisqu'ils savent. Mais il est difficile d'adhérer entièrement à une explication qui n'est pas vraiment une démonstration, et dont on sent bien qu'elle est partiellement une abdication. Le hasard n'est souvent, nous l'avons vu, que le nom donné à l'ignorance des causes ou des mécanismes réels. La science, comme le dit François Jacob, est enfermée dans un système d'explication et ne peut s'en évader. On ne peut donc exclure qu'il apparaisse d'autres théories, dans un avenir plus ou moins lointain, d'autres systèmes d'explication qui pourraient nous fournir des images du monde qui seraient différentes, plus satisfaisantes peut-être.

On a vu en effet, au cours de l'histoire, se succéder celles proposées tour à tour par les créateurs de mythologies, les philosophes, les théologiens et les scientifiques, chacun rendant souvent caduques les savantes réflexions des précédents, les hommes de science finissant souvent par rendre sans objet ou poussiéreuses les démonstrations des autres. Copernic et Galilée, qui se sont durement heurtés à la théologie, ont ainsi succédé à Aristote et à Platon, qui vivaient à une époque où la philosophie était la reine des sciences. Kant et Hegel ont pris la suite de Kepler et de Newton, à un siècle où hommes de lettres, philosophes et scientifiques parlaient le même langage et vivaient dans la même culture, réfléchissant sur les mêmes problèmes. Einstein et Max Planck ont contredit Bergson, en expliquant le monde par des théories désormais indiscutées, sinon parfaitement convaincantes et bien comprises. Avec eux, la science a pris ses distances vis-à-vis d'une philosophie qui ne pouvait plus suivre et qui a en quelque sorte abdiqué. Les philosophes ont actuellement déserté la scène où l'on tente d'expliquer le monde, car ils ont admis qu'il est leur difficile de lutter dans un domaine où les réflexions théoriques et individuelles, les spéculations pèsent peu car elles apparaissent de moins en moins crédibles par rapport aux raisonnements des scientifiques, lesquels sont étayés par des démonstrations claires et efficaces. En même temps, les philosophes se sont réfugiés dans un jargon codé qui n'est pas davantage accessible au plus grand nombre de citoyens que la physique quantique.

Le propre de l'homme est de vouloir que le monde ait un sens

Mais la science n'a pas su nous donner une explication claire de ce que sont le monde, la vie, l'homme, et nous indiquer quel est leur sens. La science ne pense pas, disait Heidegger. C'est peut-être pour cela qu'elle refuse de répondre à nos grandes interrogations. Nous aurions besoin, alors, de ce que l'on pourrait appeler une véritable philosophie de la nature, qui nous offrirait une pensée compréhensible sur le monde et sur la vie. Car il serait faux de croire, comme le font certains hommes de science, que ces questions fondamentales n'ont pas lieu d'être posées. Il fait partie de la grandeur de l'homme d'accepter l'angoisse des grandes questions, celles qui lancent l'imagination vers des paysages vierges, et de réclamer des réponses. « Le propre de l'homme, dit Jean Hamburger, médecin et biologiste, est de vouloir que le monde et la vie aient un sens humainement intelligible. »

L'homme, en effet, ne peut pas vivre dans le chaos, dans l'incertitude, dans l'ignorance. Il a toujours cherché à donner une signification au monde, ce qui lui permettait d'en trouver une à sa propre existence. L'homme préhistorique se prosternait peut-être chaque matin devant le soleil levant, pour s'assurer qu'il reviendrait le jour suivant. Il se posait peut-être aussi, confusément, des questions sur les origines. Il existe dans toutes les sociétés un mythe central qui raconte les commencements du monde, dit Mircea Eliade, un mythe qui dit ce qui s'est passé avant que le monde soit devenu ce qu'il est, qui conte une histoire sacrée, avec un commencement, la création, mais aussi une fin. Une histoire fondamentale, au sens vrai du terme, car elle explique et justifie à la fois l'existence du monde, celle de l'homme et de la société. Le mythe est considéré comme une histoire vraie, puisqu'il raconte comment les éléments de la réalité sont apparus – mais c'est aussi un modèle exemplaire, une règle d'action, la justification des activités humaines.

Avant l'ère historique, l'homme trouvait le sens à sa vie dans ces mythologies, puis il a inventé les religions. La philosophie, et ensuite la science ont pris le relais, mais la science moderne, devenue timide, refuse de poursuivre, de répondre aux grandes interrogations des hommes. C'est peut-être que ses tenants sont devenus modestes et ne veulent plus prendre de risques. Il est, en effet, moins dangereux de décrire que d'expliquer, c'est-à-dire de faire comprendre : les hommes de science ont donc tendance à suivre la première démarche plutôt que la seconde.

Ils ont aussi implicitement décidé que la seule façon raisonnable, selon eux, de comprendre le monde était d'étudier minutieusement chacun de ses composants, sans se poser trop de questions sur l'ensemble. Ils s'efforcent de répondre au « comment », en évitant le « pourquoi ». Mais cela va au détriment de ce que souhaite le plus grand nombre d'entre nous, car décrire n'aide en rien à comprendre, d'autant que ces descriptions de la réalité prennent souvent des formes d'une grande spécialisation, et deviennent donc d'une complication qui frise l'inintelligibilité. Alors que nous avons envie de savoir pourquoi l'univers existe, pourquoi la vie est apparue, pourquoi l'homme est né. Cette envie est naturelle, quoi qu'en pensent certains hommes de science. Elle fait partie du « propre de l'homme », de sa nature profonde. La réponse à ces questions nous apporterait non seulement une satisfaction vis-à-vis d'une curiosité évidente, mais permettrait aussi de lever bien des ambiguïtés philosophiques ou religieuses, en posant mieux les problèmes de la signification de l'univers et de notre place dans ce monde.

C'est, en effet, ce qui s'est produit dans le passé. Les réponses qu'a apportées la science à nos interrogations sur les origines ont parfois été déroutantes au fil des siècles, mais elles ont aussi fourni une tonicité de pensée utile dans la mesure où elles ont modifié notre façon de considérer les rapports de l'homme et du monde. Il est vraisemblable qu'avant Copernic et Galilée, à l'époque où chacun pensait que la Terre était le centre du monde, la position de l'homme était confortable. Il était la chose la plus importante de l'univers. La croyance absolue en un Dieu unique et tout-puissant, qui avait créé l'homme et lui avait, en quelque sorte, délégué un peu de sa puissance sur les autres êtres et sur les choses, venait à l'appui de cette certitude tranquille que l'homme était d'une nature exceptionnelle. Que la Terre ne soit plus qu'une planète banale, près d'une étoile moyenne, perdue dans un immense univers, a nécessairement transformé notre façon de considérer la nature humaine. Pascal en ressentait déjà l'effroi des espaces infinis.

Darwin, en fournissant des preuves irréfutables que l'évolution des êtres vivants est une réalité et que l'homme fait partie de cette évolution, apporta une autre révolution conceptuelle, qui heurta profondément ses contemporains. Après que Newton eut ouvert la voie avec son explication des mécanismes du monde inerte, Darwin montra que le monde vivant fonctionne sans intervention divine et que l'espèce humaine n'est pas fondamentalement différente des autres. Il expliqua, le premier, que tous les êtres vivants, l'homme y compris, ne sont déterminés que par leur passé, par les hasards de leur histoire. S'il se révélait que des êtres intelligents existent ailleurs que sur la Terre, cela créerait un bouleversement du même ordre, en relativisant encore l'importance de l'homme dans l'univers.

La science, par ailleurs, nous a apporté des arguments contradictoires sur ce que pourrait être une logique du monde. Tour à tour, au fil des siècles, des démonstrations ont fait pencher la balance, tantôt vers une organisation parfaitement déterministe, tantôt vers un indéterminisme fondamental. Kepler et Newton ne doutaient pas de l'équilibre parfait de l'univers, qu'ils croyaient l'œuvre d'un « Dieu horloger », qui offrait aux hommes un système merveilleusement agencé. Leurs successeurs immédiats ont également affirmé que la nature était totalement déterministe, même s'ils détachaient le monde de cette emprise divine. On connaît la célèbre réponse du mathématicien Laplace à Napoléon qui s'étonnait que sa « Mécanique céleste » ne fasse pas référence à Dieu : « Sire, je n'ai pas besoin de cette hypothèse. » Il était rassurant de penser que, même s'il n'y avait pas de « grand horloger », la nature était malgré tout ordonnée et qu'à toute cause correspondait bien un effet. Einstein lui-même a toujours vécu dans cette croyance déterministe et il pensait que l'homme saurait mettre tout l'univers en lois simples et pourrait, un jour, comme il le disait, « bâtir par déduction pure une image cohérente du monde ». « Dieu, disait-il encore, ne joue pas aux dés. » A quoi son ami, le grand physicien Niels Bohr, répondait : « Cher Albert, quand cesserez-vous de dire à Dieu ce qu'il doit faire !... »

Pourtant, Darwin avait déjà montré que l'organisation du vivant devait beaucoup au hasard dans le cadre de l'évolution. La physique quantique, on l'a vu, a mis à bas la belle construction déterministe et a replacé l'indétermination au cœur de la matière, obligeant les hommes à se reposer des questions fondamentales sur la logique du monde, qui semble remplacée par le hasard, dont on ne comprend pas toujours s'il apporte, ou non, aux hommes une plus grande liberté de leur conscience. Tout cela, en attendant une nouvelle science, annoncée mais encore dans les limbes, qui remplacerait la physique quantique et apporterait de nouvelles révélations et de nouvelles explications. Car la science est condamnée à un éternel recommencement, aucune théorie n'est établie à jamais, aucune n'est vraie au sens absolu, toutes ne sont que des approches provisoires de la réalité. Les lois scientifiques ne sont que des modèles, tous approximatifs. Certains physiciens doutent qu'on arrive jamais à ce qu'ils appellent « la réalité en soi » la vraie réalité des choses.

Le citoyen et le scientifique vivent dans deux mondes séparés

Ces hésitations, qui traduisent le fait que toute grande théorie scientifique nouvelle peut remettre en question l'attitude de l'homme vis-à-vis du monde, ne font qu'accentuer l'incertitude du citoyen moyen devant la science. D'autant plus que, comme nous avons déjà eu l'occasion de le faire remarquer, la science moderne ne se soucie plus guère d'être comprise par le plus grand nombre. Elle est devenue à ce point complexe que sa compréhension réclame une culture et une attention qui ne peuvent être acquises par les citoyens de base qu'au prix d'efforts que tous ne consentent pas. Il existe donc une coupure, qui n'a fait que s'accroître au cours des décennies, entre l'homme de la rue et le monde de la recherche scientifique, le premier n'ayant d'autre choix que d'accepter passivement les affirmations du second. Cela a une double conséquence désastreuse. D'une part, le citoyen ne s'intéresse plus guère au travail du chercheur ni, ce qui est plus grave, à ses problèmes éthiques, et rejette parfois toute tentative menée pour lui faire comprendre le monde de la science, qu'il juge *a priori* trop différent et trop éloigné du sien. « Ce n'est pas la peine de m'expliquer, de toute façon je sais que je n'y comprendrais rien » est une phrase devenue courante.

D'autre part, ce même citoyen a tendance à confondre de plus en plus souvent l'ésotérisme de la science avec celui des fausses sciences, et il met sur le même plan la physique ou la biologie, et l'astrologie ou la voyance. La science et la magie, séparées depuis le XVIIIe siècle, ont tendance à se retrouver ainsi, ce qui est dommageable pour le bon équilibre intellectuel de tous. On a même vu certains physiciens, et non des moindres, parler de parapsychologie à propos de la mécanique quantique et de ses affirmations surprenantes, ou évoquer les rapports qu'aurait la physique moderne avec des pratiques méditatives d'Extrême-Orient.

Ce n'est sans doute pas sans raison que, dans tous les pays, les citoyens ont pris l'habitude de vivre sans se soucier des réalités scientifiques du moment, et en les ignorant souvent. La culture scientifique, dont on parle beaucoup, n'existe pas réellement. Les émissions scientifiques font peu d'audience à la télévision, exception faite pour celles parlant de médecine. Une enquête récente montre que moins de la moitié des Américains savent que c'est la Terre qui tourne autour du Soleil – en France, ils sont trois sur quatre –, que 9 % savent ce qu'est une molécule. Un Français sur deux ignore la composition de l'eau. Français et Américains estiment, pour moitié d'entre eux, que les premiers hommes étaient contemporains des dinosaures. L'administrateur de la NASA se souvient d'une question lorsqu'il défendait devant des parlementaires le budget de l'organisme spatial américain : « Pourquoi voulez-vous lancer des satellites météorologiques, alors que nous avons tous les jours à la télé des bulletins très bien faits ? » Dans tous les pays, les membres des parlements sont, dans leur immense majorité, très ignorants des questions scientifiques, et ils sont pourtant chargés de résoudre des problèmes à forte connotation scientifique, comme ceux liés à la pollution, à la destruction de la couche d'ozone, ou à l'introduction de plantes modifiées par le génie génétique.

Il n'est pas un seul élément de notre confort quotidien qui ne soit le résultat d'une acquisition scientifique, de la télévision à l'avion, de la chaîne du froid aux antibiotiques. La science n'apparaît pourtant dans les réflexions quotidiennes des citoyens qu'à l'occasion de sa mise en accusation, lorsque survient une catastrophe, comme celle de Tchernobyl, ou quand surgit une crainte mythique, comme celle des manipulations génétiques d'êtres vivants, derrière laquelle se profile le spectre de Frankenstein. La science n'a pas seulement disparu de la culture, elle n'existe pas non plus dans notre vie de tous les jours, elle ne figure jamais dans les brèves de comptoir. Qui se préoccupe de savoir sur quelle théorie scientifique est basé le fonctionnement d'un lecteur à laser de disque à haute fidélité, d'un magnétoscope, d'un four à micro-ondes ou d'un réfrigérateur ?

La fin de la science ?

La science souffre aussi de ce qu'on en annonce régulièrement la fin. Cela ne signifie pas forcément que tout a été découvert, comme on le croyait à la fin du XIXe siècle, mais que le système tend vers un blocage. Il est vrai que le chercheur est aujourd'hui beaucoup moins libre qu'autrefois, il est davantage soumis aux lois économiques, obligé de fournir rapidement des résultats, d'aboutir à des réalisations utilisables industriellement. Il est prisonnier de contraintes qui peuvent empêcher l'apparition de nouveaux créateurs. On a fait remarquer que si Einstein, au lieu d'être une sorte de gratte-papier au bureau des brevets de Berne, avait travaillé dans une institution scientifique officielle, on ne l'aurait peut-être pas autorisé à dépenser l'argent de la collectivité pour réfléchir sur un sujet aussi délirant que la relativité.

La recherche scientifique réclame désormais de gros moyens et un travail en équipe. La communication relatant la dernière grande découverte faite sur le grand accélérateur de particules de Genève, celle de l'élément par lequel agit la force appelée « faible » au sein des atomes, a été signée des noms de 123 physiciens. Ce qui a donné l'occasion au mathématicien René Thom, grand amateur de paradoxes, de se demander, lors d'une discussion devant l'Académie des sciences, s'il existait davantage d'hommes de science dans le monde qui comprenaient cette communication. Le chercheur isolé est devenu une espèce disparue. Cela pourrait avoir une incidence sur l'originalité des découvertes, car l'histoire montre que les grandes idées sont souvent apparues chez un homme solitaire, et contre ce qui était admis à l'époque où elles sont nées dans son cerveau.

Jusqu'à la fin du siècle dernier, des isolés, qui possédaient une intuition géniale, et qui avaient pu acquérir l'ensemble des connaissances existant dans un domaine donné, pouvaient transformer complètement ce domaine, en apportant des idées fécondes et révolutionnaires. Cela n'est plus envisageable aujourd'hui. Copernic et Galilée, qui se sont opposés à l'Église, travaillaient seuls, tout comme Newton, qui a poursuivi la tâche des deux grands du mouvement des corps, en s'opposant à Descartes, qui régnait alors sur la physique. Einstein, autre grand solitaire de la recherche, a mis partiellement à bas les théories de Newton, et Max Planck, le créateur de la physique quantique, a tout remis en cause. En biologie, Darwin a longtemps hésité à publier son travail sur l'évolution, tant il savait qu'il allait heurter l'opinion religieuse de son époque en montrant que l'homme et les autres animaux avaient une origine commune. Il a fallu attendre un demi-siècle pour qu'apparaisse au grand jour le travail du moine Grégor Mendel, qui découvrit seul les lois de la génétique en expérimentant patiemment sur des pois : ce travail était resté enfoui dans d'obscures publications, que personne n'avait pris la peine de lire, tant les théories de la génétique heurtaient les idées de l'époque.

Nous vivons donc une époque où la science, qui est longtemps apparue triomphante, est non seulement trop souvent ignorée, mais aussi remise en question, où les scientifiques eux-mêmes doutent et deviennent timides. La science n'a pas su s'intégrer à la culture. On a parlé d'aliénation culturelle de la science. Elle devient de plus en plus éloignée des préoccupations quotidiennes des hommes, car elle parle, en langage codé, de choses qui ne concernent qu'un tout petit nombre de spécialistes. Elle reste indispensable, mais n'a plus de réelle autorité morale, même si les médias continuent à demander aux lauréats des prix Nobel leur avis sur tout. Ce qui est paradoxal, car la science en est arrivée à un tel degré de spécialisation que l'on ne se comprend plus non seulement d'une discipline à une autre, le biologiste ne sachant plus discuter avec un physicien, mais aussi d'un secteur à l'autre dans chaque discipline. Les grandes revues scientifiques internationales, celles où se publient les articles fondateurs de la science, les textes originaux des chercheurs, ont été obligées de faire appel à des vulgarisateurs de haute volée pour présenter en termes accessibles à tous, au début de chaque livraison, la teneur des communications publiées plus loin en un langage parfaitement codé, intelligible seulement par quelques initiés. Il a fallu imaginer cette astuce pour que la science qui se crée, la science vivante, puisse être accessible à l'ensemble des lecteurs de la revue. Si la science s'est ainsi détachée de la culture, c'est aussi parce qu'elle a longtemps négligé son histoire. On imagine mal parler sainement de littérature, de théâtre ou d'art, sans évoquer le passé : en science, cela n'existait pas. Le mouvement est en train de reprendre un cours plus normal, mais l'histoire des idées scientifiques n'est pourtant pas encore entrée dans la culture de l'honnête homme.

Qui va donc nous expliquer le monde de façon intelligible ? Si la science abdique, faut-il espérer la venue d'une philosophie nouvelle, ce qu'on pourrait appeler une véritable philosophie de la nature, capable de décrypter clairement les mystères de l'univers et ceux de la vie – ou d'autres modes de réflexion viendront-ils prendre la place laissée vacante ? Il se peut, comme le pensent certains physiciens modernes, que d'autres moyens se révèlent plus adéquats pour nous faire comprendre le monde. Si l'on exclut le retour à des mythologies ou à la croyance en quelque divinité, qui n'emportera jamais l'adhésion de tous, faut-il imaginer d'autres disciplines culturelles, liés à l'art, à la poésie ou à la méditation ? La culture humaine est riche et elle dispose de bien d'autres éléments, il est impossible de la ramener à la seule science ou à la seule philosophie pour résoudre des interrogations aussi essentielles que celles que nous nous posons par rapport au monde qui nous entoure. La science a toujours été une perpétuelle remise en question. Il peut en être de même de la culture, qui ne peut que gagner à imaginer des moyens originaux de répondre aux questions que se posent les citoyens.

COLLECTION
SCIENCE, HISTOIRE ET SOCIÉTÉ

Daniel Becquemont, Laurent Mucchielli, *Le cas Spencer*.
Mohamed Larbi Bouguerra, *La pollution invisible*.
Mohamed Larbi Bouguerra, *La recherche contre le Tiers Monde*.
Stéphane Callens, *Les maîtres de l'erreur*.
Robert Clarke, *Les nouvelles énigmes de l'univers*.
Claude Debru, *Philosophie de l'inconnu : le vivant et la recherche*.
Michel Dodet, Philippe Lazar, Pierre Papon, *La République a-t-elle besoin de savants ?*
Zorka Domić, *L'État cocaïne* (Préface de Claude Olievenstein).
Jean-Claude Dupont, Histoire de la neurotransmission (Préface de Claude Debru)
Julien Friedler, *Psychanalyse et neurosciences*.
Yona Friedman, *L'univers erratique* (Préface de Dominique Lecourt).
Claude-Louis Gallien, *Homo, histoire plurielle d'un genre très singulier* (Préface de Yves Coppens).
Claude Imbert, *Pour une histoire de la logique*.
Yves Jeanneret, *Écrire la science*.
Yves Jeanneret, *L'affaire Sokal ou la querelle des impostures*.
Daniel Kevles, *Au nom de l'eugénisme*.
Dominique Lecourt, *L'Amérique entre la Bible et Darwin*.
Pascal Nouvel (sous la direction de), *Actualité et postérités de Gaston Bachelard*.
Jean-François Picard, *La Fondation Rockefeller et la recherche médicale*
Philippe Pignarre, *Puissance des psychotropes, pouvoir des patients* (Préface de François Dagognet).
Paolo Rossi, *Les philosophes et les machines (1400-1700)* (Préface de François Dagognet).
Antonio Ruberti, Michel André, *Un espace européen de la science*.
Georges Schapira, *Le malade moléculaire* (Préface de Jean Bernard).
Bernard Seytre, *Sida : les secrets d'une polémique* (Préface de Willy Rosenbaum).
Pierre Wagner, *La machine en logique*.
Francis Zimmermann, *Généalogie des médecines douces. De l'Inde à l'Occident*.

Imprimé en France
Imprimerie des Presses Universitaires de France
73, avenue Ronsard, 41100 Vendôme
Octobre 1999 — N° 46 904